中国華北農民の生活誌

李恩民　著

農村の小学校の授業風景（1999年9月　河北省欒城県にて　著者撮影）

御茶の水書房

Daily Life in Rural North China

Li Enmin

Ochanomizushobo Tokyo

はしがき

中国の「華北」（英語ではNorth Chinaと表記する）とは、万里の長城以南から淮河・秦嶺以北の黄河中・下流域と、その支流一帯の地域を示す名称である。時代によってその範囲は異なるが、おおむね大都市の北京・天津を中心に、農村地帯の河北、河南、山東、山西の四省を指すことが多い(1)。この地域は中華文明の発祥地で、現在約三億五〇〇〇万の人口を擁するが、乾燥した気候と乏しい降雨量のため、しばしば旱魃に見舞われてきただけでなく、黄砂の浸蝕にも悩まされている。本書は、代々この地域で生活を営んできた一般農民の生活に焦点を当てて、その姿を忠実に描いたものである。

二〇一九年、中国は改革開放政策実施四〇周年を迎えた。四〇年前の一九七九年と言えば、ようやく階級闘争に明け暮れた政治路線を終焉させ、第一一期三中全会により改革開放政策に舵を切った年である。まさにこの年、激しい受験戦争を突破して、念願の大学進学を叶えた著者は、生まれて初めて汽車に乗り、交通が不便な農村部から「知識の泉」として憧れていた大学へ入学した。そこで実感したのは、理想に燃える同級生たちの外国語学習熱や、先進諸国に学ぼうという意欲だった。学年が進むにつれて、それまで海外との交流を厳しく制限したイデオロギーの呪縛は徐々に解かれていった。各国との経済・貿易にかぎらず、文化交流においても人の往来が活発になるにつれて、中国は希望に満ち、活気溢れる社会となり、農民の生活も日に日に改善されていった。一九九〇年代になると、中国はさらに開放が進み、学術調査にも門戸が開かれるようになった。その日中両国の文化交流の蜜月期に来日した著者は、一九九四年から二〇〇七年までの約一三年間、フィールドワークの経験豊かな日・米・中三か国の研究者と密接に交流し、彼・彼女らによって組織された華北農村共同調査グループに参加した。著者が、このグループの研究協力者または研究分担者として現地のコーディネーターを引き受けたことにより、華北農村地域についての歴史と社会環境に関する共同調査に参与できたことは実に幸運であった。

われわれが華北地域で実施した調査対象の村落の大部分は、著名な「中国農村慣行調査」の調査村であった。周知のように、中国農村慣行調査は、一九三九年一〇月に東亜研究所第六調査委員会の学術部委員会が企画したものである。その目的は「中国の民衆が如何なる慣行の下に社会生活を営んでいるか」[2]を解明することにあった。人員は東京帝国大学法学部、京都帝国大学経済学部の教授を中心に組織されたが、実施主体は、国策会社の南満洲鉄道株式会社（一九〇六〜一九四五年）の調査部であり、華北駐屯軍の保護をも受けて、一九四〇〜一九四二年の間に実施された。[3]この調査は、学界では「慣行調査」または「満鉄調査」と通称されている。その調査記録は、質問と回答を併記する形で記録され、日本の敗戦を経た一九五〇年代に『中国農村慣行調査』全六巻として刊行された。中国農村と農民を研究する世界中の研究者にとって、調査員と農民の問答を忠実に記録したこの資料は信憑性が高く、それを精読することが学術研究の出発点ともなったのである。

満鉄の慣行調査村の社会変容を追跡するわれわれの調査は、慣行調査資料を基礎的データとして活用し、慣行調査と同様の手法、すなわち一問一答形式を採用した。調査では、一般の農民を訪問し、農民の自宅でインタビューを行った。この方式では、各家庭の日常生活を見聞し、彼らの生活環境を目の当たりにすることが可能となった。さらに、インタビューに同席したインフォマントの家族からも関連した話を聞き取り、応答者の記憶違いを訂正することもできた。インタビューに際して、われわれはフィールドノートを記録するとともに、応答者の了解を得てカセットテープでの録音を実施し、後日時間をかけて録音内容を書き起こした。最終的には、二二〇〇頁以上に及ぶ日本語調査記録と三六〇〇頁に及ぶ中国語調査記録を東京と北京で出版し、調査の成果を公表した(4)。

インタビューは、農民の個人生活史（ライフヒストリー）を聞き取ることから始め、当時の体験を聞き出した。この生活記録は、農民の豊富な個人的経験や国家の政策への関わり方（服従または反発）を、彼らの証言に基づき描写したものであり、短期間の参与観察や単発的な訪問で得られる種類の情報ではない。中国の農民は、一般的に官公庁や外国人の現地調査、特に個人や家庭に関する聞き取り調査に警戒心を抱きがちである。したがって、調査側が友好的で善意の姿勢で農民と接して、彼らの信頼を得られなければ、正確な情報を聴取することはできないだけでなく、農民の生活の実相を知ることもできない。様々な困難にもかかわらず、われわれの調査グループは、華北農民の友好的な姿勢にも助けられ、比較的短期間のうちに調査村の農民の信頼を獲得し、農民個人の生活史を聞き出すことに成功した。さらに、農村調査では、一回目の調査資料を検討した上で、翌年に再度同じ村落を訪れて、初年度の調査で不足した内容を聴き取ることに努力した。この結果、二回目の訪問で、一層深い内容を調査することが可能になった。今になって省みれば、こうした調査方法は、非常に効果的であったと評価できよう。

実証研究の立場に基づき、広大な中国農村の地域的多様性、及びそこから生じる村民生活の非均一性を十分に考慮しつつ、農民自らに生い立ちと社会環境に関する経験を語ってもらった上で、全体を総合的に分析し、理論的に説明を加えることが、本書の基本理念である。

この理念に鑑み、一九九〇〜二〇〇〇年代初頭にかけての現地調査において、農民から得た証言を基礎に、全五章に分けて農民の結婚（通婚・社交）、農民の子孫（一人っ子政策）、農民の健康（医療）、農民の移住（水不足と旱魃対策）、さらに農民の日本観（日中歴史和解への認識）などの重要な問題について、分析を試みたのが本書である。

一九四〇年代の日中戦争から土地改革、人民公社、大躍進、文化大革命、日中・日米の歴史和解、生産請負制、改革

開放、経済の高度成長へと続く一連の重大な歴史過程において、農民が身をもって経験したことや、苦労のなかでも前向きな姿勢を維持してきた農民の生活史を、政府の対農村政策の変革の文脈に置きながら検討したい。その結果として、華北農村社会の巨大な変容の潮流の一端を読者に提示できれば、それは著者のささやかな喜びである。

●注

（1）時代によって内モンゴル自治区が含まれたり河南省と山東省が含まれなかったりする場合もある。また、華北地域を中国北部の通称とする時代もある。なお、本庄比佐子・内山雅生・久保亨編『華北の発見』（東洋文庫、二〇一三年）は地域概念としての「華北」を歴史の視角から詳細に検討している。

（2）仁井田陞「序」、中国農村慣行調査刊行会編『中国農村慣行調査』第一巻、岩波書店、一九五二年。

（3）中国農村慣行調査刊行会編『中国農村慣行調査』（第一〜六巻）、岩波書店、一九五二〜一九五八年。

（4）調査グループがまとめた応答記録は以下の通りである。三谷孝編『農民が語る中国現代史――華北農村調査の記録――』内山書店、一九九三年、全二九五頁。三谷孝編『中国農村変革と家族・村落・国家――華北農村調査の記録――』汲古書院、一九九九年、全九五四頁。三谷孝編『中国農村変革と家族・村落・国家――華北農村調査の記録――』（第二巻）、汲古書院、二〇〇〇年、全七六四頁。三谷孝編『中国内陸地域における農村変革の歴史的研究』（科学研究費補助金（基盤研究（B））（海外学術調査）研究成果報告書、Ａ４判、二〇〇八年七月、全二一六頁。魏宏運・三谷孝主編『二十世紀華北農村調査記録』（第一〜三巻）、社会科学文献出版社、二〇一二年、全二九五三頁。張思主編『二十世紀華北農村調査記録』（第四巻）、社会科学文献出版社、二〇一二年、全六九四頁。

中国華北農民の生活誌　目次

目次

はしがき *v*

第一章　農民の結婚：通婚圏と社交圏……3

第一節　満鉄調査村の再調査の活発化と寺北柴村　*3*

第二節　寺北柴村における婚姻関係の伝統と変革　*10*

第三節　貧困村における伝統の変容　*22*

第二章　農民の子孫：一人っ子政策の実態……29

第一節　一人っ子政策の施行と終焉　*30*

第二節　各家庭における子供数の変遷からみる一人っ子政策の実態　*31*

第三節　生育観の変化：伝統・現実・変革の共存　*36*

第四節　国家の政策に翻弄される農民　*43*

第三章　農民の健康：医者と医療……53
第一節　農村医療制度の変遷　53
第二節　農村医者の養成と医療活動　57
第三節　農民の健康と衛生環境　65
第四節　伝染病の防疫体制と新型農村合作医療制度　71
第四章　農民の移住：都会のための犠牲……79
第一節　水調達プロジェクト：南水北調　80
第二節　華北地域の水不足：南水北調の必要性　87
第三節　環境の変化と社会生活への影響　94
第四節　チベット高原の水を黄河へ　100
第五章　農民の日本観：一九九五年……111
第一節　戦後五〇年と戦争賠償認識　112
第二節　軍国主義復活への認識　121
第三節　米中・日中間の歴史和解と民間の役割　126

第四節　戦争と対日感情の形成　131
第五節　経済協力への期待　135
付録一：聞き取り調査実施データ　143
付録二：戦後日中関係の歴史と現状についての調査データ　145
第一組＝戦争賠償問題に対する認識　145
第二組＝非公式外交あるいは民間外交の役割に対する認識　147
第三組＝日本軍国主義の復活に対する認識　149
第四組＝米中関係改善・日中国交正常化に対する認識　149
第五組＝「日の丸」にみる対日感情　150
第六組＝今後の日中関係に対する認識　150
主な現地調査文献　153
初出一覧　157
あとがき　159
索　引（巻末）

中国華北農民の生活誌

第一章　農民の結婚：通婚圏と社交圏

【調査手記】

●戸籍移動を厳しく制限されている中国では、社会の低層に属す農民は、都市戸籍の住民との結婚は社会階層の上昇を伴う上方婚と見られ、ほぼ不可能である。
●近親婚率を低く抑えるための「同姓不婚」は「永年の習慣」として継承されている。
●交通条件の改善などによって、農民の通婚圏は拡大されつつも、大体一〇キロメートル圏内にある。
●農村には「恋愛婚」があったものの、主流はやはり「媒妁《ばいしゃく》婚」である。
●「米飯湯灌死人、轆轆把擰死人、糠餅子膩死人、有女不嫁柴村人＝（毎日）粟のお粥ばかりはもううんざりだ、臼をひくのももううんざりだ、糠の餅ばかりはもううんざりだ、娘がいても柴村の人には嫁がせない」。貧しい村落の貧しい者には嫁の来手がない。貧富格差の影響は通婚に及ぶ。

第一節　満鉄調査村の再調査の活発化と寺北柴村

一九四〇年一〇月～一九四二年一一月、日中戦争（中国では「抗日戦争」と称す）のさなか、日本の国策機関である南満洲鉄道株式会社（略称：満鉄）調査部に属する研究者を中心とする調査班によって、中国華北の諸村落、すなわち河北省順義県沙井村（現北京市順義区所属）、河北省欒城県寺北柴村（現石家荘市欒城区所属）、河北省昌黎県侯家営、河北省良郷県呉店村（現北京市房山区所属）、山東省歴城県冷水溝荘（現済南市所属）、山東省恩県後夏寨（現平原県所属）等の村落を対象に、農村の「法的慣行」についての総合的な調査が実施された（今後は「満鉄調査」または「慣行調査」と称する）。この調査計画の政治的背景や調査員の研究姿勢、あるいは現地調査の技術・方法に関して、また侵略戦争下に軍事力の保護を受けて実施された占領地・植民地調査であるという点について、一九四五年の日本敗戦後さまざまな立場からの批判がなされているが、農民との応答をそのままの形で記録したこの調査の集大成である『中国農村慣行調査』（全六巻、一九五二年～一九五八年刊行）の資料的意義は、国内外で高く評価されている。それは「革命以前の中国農村社会の実情を検討する上で他に類を見ない貴重な文献[1]」とされ、また「現代経済人類学の方法をもってなされた中国農村研究に関する数量的に最大、かつ極めて豊富な資料である」とともに、「その質的にも、本世紀前半における世界の他のすべての小農社会に関する資料よりも優れた資料であろう[2]」ともされている。このように同調査が中国農村に関心をもつ多くの研究者に注目されたことを背景に、一九七〇年代以降、中国や日本やアメリカ等において結成されたいくつかの研究グループは、かつての調査村を追跡調査または再調査できる機会が一日も早く訪れることを待望していた。しかしながら、国内の諸事情によって中国政府は一九四九年以後の三〇数年間、外国人研究者が希望する農村実態調査の許可を与えることに慎重であった。

一九八〇年代以降、農村経済体制の改革や対外開放が比較的順調に進展するにつれて、中国は外国人研究者に対しても農村への門戸を開いて、国内外の研究者による「入村調査」も徐々に行われるようになっていった。当初は、調査できる村落の多くは、特殊な経済政策によって発展した豊かな村であり、モデル村であったが、後に改革開放の深化に伴い、未開放地区や貧しい村での実態調査に対する規制も緩和されるようになった。その結果、多くの歴史学・文化人類学・社会学・経済学の研究者達が、自ら希望する調査地に入って当該地域の社会の内実に接近し、中国農村研究の質をいっそう高めることも可能となった。たとえば徐経澤、楊善民、フィリップ・ホァン（Huang, Philip）、プラセンジット・ドアラ（Duara, Prasenjit）、石田浩、中生勝美、三谷孝、内山雅生（以下では敬称を略す）らは、相次いでかつて満鉄の慣行調査班が調査した村落である沙井村、呉店村、冷水溝、後夏寨等に入村し、追跡調査を行った。またその中の多くの研究者は、これらの村での再調査にあたって、一回だけではなく、数回にもわたって大規模の本格調査と小規模の補完調査を行っており、満鉄調査村に対する追跡調査は一つの研究現象となって、再調査ブームと称してもおかしくない程の活況を呈した。

満鉄の慣行調査班は、寺北柴村において一九四〇年一一～一二月の第一次調査を皮切りに、一九四一年五～六月の第二次、同年一〇～一二月の第三次、一九四二年二～三月の第四次の計四回の重点的な調査を実施し、その記録は『中国農村慣行調査』第三巻として一九五五年に刊行された。寺北柴村は同調査の六つの村落の中でも貧しい部類の村であり、また都市化・商業化されつつある華北農村の中に残る「農村らしき農村」であるため、一九八〇年代までは、研究者の入村調査の申し出はほとんど却下されていたが、その後状況は一変して、多くの研究者を迎えるに至った。寺北柴村の再調査の歴史を簡単にふりかえってみると、大体二つの時期に分けられる。

第一の時期は、一九八〇年代における予備調査ともいえる参観的な調査あるいは「参与観察的な農村実態調査」[3]であった。この時期には、再調査の先陣を切った日本の研究者によって五回にわたり寺北柴村の参観や寺北柴村の村民との接触が試みられた。満鉄の慣行調査以来四一年ぶりにこの村に入った最初の日本人は日中旅行社の辻田順一であった。一九八三年一一月二八日、同氏は寺北柴村を訪ね、村の概況を聞いた[4]。翌年（一九八四年）、関西の中国農村慣行調査研究会（その後「中国農村経済発展研究会」と改称）のメンバーである石田浩、田尻利、川井悟、田中恭子、二宮一郎、奥村哲、黒田明伸、深尾葉子等一一人が「中国農村経済学者学術友好訪華団」を結成して訪中し、寺北柴村訪問を希望したが、村までの交通が不便であるとの理由で、村に足を踏みいれることはできなかった。しかし、河北省中国青年連合会の計らいによって、八月二六日に同村書記の徐MXを石家荘のホテルに招いて聞き取り調査を実施した(5)。同年一二月一日、アジア経済研究所の小林弘二は、農村経済調査のため寺北柴村を訪れ、村の幹部から話しを聞き、帰国後その経緯と成果を「見聞記」として発表した(6)。

戦後四番目に寺北柴村を訪問したのは、東京の「中国農村慣行調査研究会」のメンバーであった。一九八六年夏、同研究会の三谷孝、内山雅生、浜口允子、秦惟人、中生勝美等九人は「中国社会経済史学術交流訪中団」を結成して訪中し、八月七日に、寺北柴村を訪れ、徐MX、張ZY、趙QZ三人の村民に二時間余りインタビューした後、村内をも参観した(7)。ほぼ二年後の一九八八年五月一一日、三谷孝、姫田光義などの八人は、寺北柴村に入り書記郝TS、村長郝XL、元書記徐MXおよび会計趙QZ、張ZYの五人の村民に聞き取り調査を実施した上で、村民の住宅なども見学した(8)。

以上のように日本の研究者は、寺北柴村が一九四〇年代以降の五〇数年間にどのように変化したかを知るために再調査を希望し、そこで得られた成果を満鉄調査の資料と比較・考察することによって同村ひいては華北農村の社会変化の特質または歴史的変化を分析することを目指したが、当時の政治的な制約から、この時期において寺北柴村で実現できた調査は、ただ「参観的な調査」の段階にとどまった。それに基づいて発表された報告も、当然ながら村の概況の一端に触れたものにすぎず、マクロ・レベルの一般的な現状分析を超えることはなかった。

一九九〇年代になると、第二の時期、つまり「調査」の名にふさわしい「真の現地調査」の時期に入った。この時期には、アメリカの研究者による江南実地調査を皮切りにして、中国側の協力者との「共同研究」という形をとった寺北柴村の本格的な実態調査が実施された。一九九二年三月下旬、トロント大学のローレン・ブラント（Loren.

Brandt）を中心とする北米中国農村研究グループの研究者が、中国国家計画委員会国土研究所李北方などの協力を得て、寺北柴村で村経済のサンプ調査を実施した。[9] 二年半後、このローレン・プラントならびにスタンフォード大学のスコット・ロツェル（Rozelle, Scott）、世界銀行人口および人口資源部職員ポール・グルー（Glewwe, Paul）が結成した「華北農村農戸状況調査課題組」が、一九九四年九月一八日～二一日の期間、中国農業部農業研究センターの杜鷹、白南生、方炎などと共に寺北柴村で農家経済状況についてアンケート調査を実施した。

東京の「中国農村慣行調査研究会」の三谷孝、内山雅生、笠原十九司、リンダ・グローブ、末次玲子、浜口允子、佐藤宏、中生勝美などは、一九九〇年以来、南開大学の魏宏運、張洪祥、左志遠などの歴史学者との緊密な協力関係の下に、「日中合同調査」という形で、満鉄調査村の再調査を進めてきた。このグループは寺北柴村の再調査を実施する前に、沙井村（一九九〇年八月と一九九四年八月）、呉店村（一九九〇年八月）、後夏寨（一九九三年三～四月と一九九四年八月）および天津市静海県馮家村（一九九一年八月と一九九三年三～四月）で、すでに再調査を実施していた。一九九四年一二月から一九九五年二月までの間に、上記のメンバーおよび研究協力者としての張思、李恩民、小田則子は、二隊に分かれて寺北柴村の再調査に向かった。第一隊は一九九四年一二月二四日～三〇日の期間に、欒城県・孟董荘郷・寺北柴村のそれぞれの概況を把握するとともに、延べ三〇数名の村民に対してインタビュー調査を実施し、戦前の地図を参照して寺北柴村住宅地図を作成した。第二隊は一九九五年二月一八～二四日の期間に、寺北柴村においてやはり三〇数名の村民へのインタビュー調査を実施するとともに、村の経済関係統計資料を収集し、さらに調査票の配布によって村の総戸数と人口をより正確に把握することに努めた。

一九九五年夏、寺北柴村の村民は農繁期の最中に、中外共同調査者のグループを三回にわたって迎えることになった。八月中、前述の「華北農村農戸状況調査課題組」が寺北柴村で農家経済アンケート正式調査を行った後、韓国ソ

魏宏運教授と三谷孝教授をはじめとする調査団と現地政府の幹部および村民達　1995年9月　同行者撮影

ウル大学の金光億が北京大学関係者の協力を得て、同大学の生徒とともに寺北柴村に入り、村民の経済状況を調査したといわれる。一方、東京の「中国農村慣行調査研究会」は『中国農村慣行調査』の記述を参照して前年度の調査記録を作成するとともに、その不十分であった点をよく検討し新たな課題を議論しつつ調査計画を策定して準備を進めた。九月七日～一四日にかけて、同研究会のメンバー全員ならび研究協力者の李恩民、小田則子は再び寺北柴村に入り、年齢層別アンケート調査、住宅地図の補訂、主要家系図の作成、清雍正以降の土地や宅地売買文書の複写などを行うとともに、前年度に引き続いて九〇数名の村民、郷や村の幹部を対象とする聞き取り調査を行った。また、寺北柴村の特徴を明らかにするために近隣の北五里鋪を訪れて同村の概況調査を行い、寺北柴村から嫁いできた女性やかつて寺北柴村で教鞭を執っていた教師を含む一七名の村民に対して聞き取り調査を実施した。

以上のように、第二の時期においては、各国の研究者が寺北柴村で一九四〇年代の慣行調査に劣らない、ひいては歴史的条件や国際環境などが当時とは大きく変化したため、より

寺北柴村の大通り、1995年夏　著者撮影

質の高い調査を行ったといえるだろう。その中で、調査規模の大きさ・期間の長さ・範囲や領域の広さから見れば、最も実り多い成果を上げたのは東京の「中国農村慣行調査研究会」の調査である。同研究会の調査では、貴重な文献資料を収集したことはいうまでもないが、単に聞き取り調査だけを例として挙げてみても、県や郷の工業・農業・農芸・教育・宗教などの責任者を含む寺北柴村および北五里鋪の村民一一四名に対して、一回にあたり平均二時間のペースで、一七一回のインタビューを行って、約一三〇万字の調査報告書を作成した。本章はこの調査記録およびデータを基本資料として、先行研究を参考にしながら、寺北柴村の通婚関係の変遷の分析を通して、近代化過程において華北の「農村らしき農村」の伝統がどこまで根底的に変革されたのかの考察を試みたものである。

第二節　寺北柴村における婚姻関係の伝統と変革

通婚圏は婚姻関係の範囲と集中度を示すところの標識であり、またその背後にある各種の社会関係や時代の変化を量的に測定できる有力な手がかりの一つでもある。したがって、従来、研究者は通婚圏の変遷を伝統社会から近代社会への移行過程における社会変動の客観的指標として位置付けているのである。[10]解放前の寺北柴村の通婚圏については、一九四〇年代の満鉄の慣行調査において既に多くの資料とデータが蓄積されていて、それらを源泉として書かれた論考も示唆に富んでいるが[11]、本節は今まであまり研究がなされていない、一九四九年の中華人民共和国の樹立を境に解放前と解放後における寺北柴村通婚関係の変遷について検証したい。

ところで、周知のように、通婚圏は婚姻の空間的ひろがりに着目する地理的通婚圏と、婚姻当事者の血縁・階層・職業・宗教などの属性間の通婚を対象とする社会的通婚圏にわけられているが、宗教的な信仰をもっていない、また基本的に農民相互間での結婚が行われている寺北柴村では[12]、後者に関する考察はほとんど何の意味もない。というのは、現代中国では、都市への人口集中の抑制のため効果的に機能している戸籍制度によって、農民と非農民の戸籍上の区分は階層的あるいは身分的な意味を持つようになっており、社会的地位の重要な指標ともなったため、伝統的あるいは未発達な農村社会においては、農民と非農民、特に非農業戸籍の女性と農業戸籍の男性の結婚は、社会階層の上昇を伴う上方婚と見られてしまい、なかなか実現できない。したがって、ここに言う通婚圏とは婚姻にともなう移動の範囲のことであり、地理的通婚圏を指すものである。[13]

われわれの調査では、通婚圏についてのアンケート調査は行われていなかったが、応答者に対してライフヒスト

第１－１表　寺北柴村婚入者統計表

所属郷	通婚関係村・県	婚入者数	寺北柴村からの距離	合計
孟董荘郷	寺北柴村	3	0	22
	孟董荘	1	3～4	
	河荘	1	2	
	崗頭村	3	2	
	北十里鋪	2	5	
	北五里鋪	3	2～3	
	北長村	2	5	
	白佛趙村	1	10	
	喬李荘	2	8	
	圪塔頭村	1	7	
	東牛村	3	4～5	
欒城鎮	県城	4	4	11
	高家荘	3	4	
	楡林道村	1	4～5	
	孟家園	1	4～5	
	王家荘	2	3	
聶家荘郷	聶家荘	2	5～6	6
	小周村	2	4	
	胡家寨	1	7	
	東柴村	1	6	
柳林屯郷	柳林屯	1	14～15	3
	蘇家油坊	1	5	
	城郎村	1	11～12	
南高郷	北高村	1	20	4
	龍化村	2	13～14	
	温家荘	1	15～16	
西安荘郷	西安荘	1	20	2
	西宮村	1	12	
馬家荘郷	内営	1	5～6	11
	大裴村	2	5～6	
	焦家荘	1	6	
	彪冢村	2	5～6	
	李家荘	1	8～9	
	柴趙村	2	11～12	
	南李村	1	11～12	
	馬家荘	1	5～6	
西営郷	東営村	1	18～19	1
冶河鎮	端固荘	1	6	3
	潯陽村	2	6～7	
郄馬郷	宋北村	1	10	1
県外	承徳	1	50	3
	趙県	1	40	
	藁城市堤上村	1	12	
合計				67

第１－２表　寺北柴村婚出者統計表

所属郷	通婚関係村・県	婚出者数	寺北柴村からの距離	合計
孟董荘郷	孟董荘	3	3～4	15
	河荘	1	2	
	崗頭村	3	2	
	北十里鋪	4	5	
	北五里鋪	2	2～3	
	圪塔頭村	1	7	
	東牛村	1	4～5	
欒城鎮	県城	4	4	7
	高家荘	1	4	
	孟家園	2	4～5	
聶家荘郷	朱家荘	1	1～2	3
	大周村	1	4	
	南柴村	1	5～6	
柳林屯郷	張村	1	7～8	1
西安荘郷	西宮村	1	12	1
馬家荘郷	内営	1	5～6	5
	大裴村	1	5～6	
	李家荘	1	8～9	
	八里荘	1	11～12	
	西董舗	1	10	
冶河鎮	端固荘	1	6	6
	南客村	1	4～5	
	東客村	1	5～6	
	南留村	1	8	
	乏馬村	2	12	
郄馬郷	段幹村	1	5	1
楼底郷	西洋市村	2	20	4
	西許営村	1	25	
	邵家荘	1	24～25	
方村郷	荊壁村	1	25	1
西営郷	沿村	1	14～15	2
	張家辛荘	1	20	
県外	石家荘	1	50	1
合計				47

注：(A) 俗語の「県城」とはそこに含まれる「東大街」「西大街」「東関」「南関」「西関」「北関」のいずれかあるいはすべてをさす。(B) 蘇家油坊は自然村であるが、村の東約1キロメートルにある張村と一つの行政村となっているため、行政的には張村に所属している。(C) 俗語の「西宮村」とは「西宮一村」か「西宮二村」かのことを指す。(D) 俗語の「彪冢村」とは「後彪冢村」か「前彪冢村」のことを指す。(E) 俗語の「荊壁村」とは「東荊壁村」か「西荊壁村」のことを指す。

第1－3表　寺北柴村における村内婚と村外婚統計表

	婚入者数	婚出者数	合計
村内婚	3	0	
郷内婚	22	15	村内婚も含む
県内婚	64	46	郷内婚も含む
隣接県婚	2	0	
省内婚	1	1	
総　数	67	47	

リーや家族構成などを聞き取る際に、これらの情報を入手することが可能となった。その結果として最低限一一四例（うち婚入者六七人、婚出者四七人）についての完全な情報が得られたことで[14]、次の第1―1表「寺北柴村婚入者統計表」と第1―2表「寺北柴村婚出者統計表」を作成した。

さらに、村・郷・県・省別の縁組みを示すため、著者は上記の二表をもとに第1―3表「寺北柴村における村内婚と村外婚統計表」を作成した。

上記の三つの表の統計結果とわれわれのインタビューの記録に基づいて得られた資料を、一九四〇年代の満鉄慣行調査の記録と対照した結果、その後の五〇年間における寺北柴村の通婚関係には次のような特徴が伺える。

(一)「同村少婚」と「同姓不婚」の伝統は継承

一般的に言って、中国農村の通婚圏は範囲自体が相対的に狭く、村内婚率も低い。寺北柴村も例外ではない。満鉄慣行調査によれば一九四〇年代初期の同村では「永年の習慣」で村内婚は殆どやらないことになっている[15]。その理由の一つは「同姓不婚」である。「同姓不婚」は父系血族の間での通婚を禁止する「同族不婚」制度から変質したものであると考えられる。一九四〇年代の満鉄調査には、「同姓不同族」であっても同姓結婚を避けた方が安全だと一般の村民が考えているように見える応答が記録されている（記号表示：問＝答）[16]。すなわち、

・同姓不同宗の人の結婚はあるか＝ある。
・本村にもあるのではないか＝郝姓にはない。
・他姓にはないか＝ない。
・同宗ということをいうか＝いう。
・同姓不同宗の結婚はよいか悪いか＝不同宗でも昔は同族だから不合格。
・同姓は昔は同族だったと思っているか＝思っている。

五〇年後の再調査においては、村民の上記のような発想がすでになくなったことを、われわれは発見した。趙SZは寺北柴村の趙姓の人が「一族だから結婚できない」との事情を説明した後、「もし外村の趙姓だったら、この村の趙姓と結婚できるか」との質疑に対して、「同姓は関係ない。重要なのは一族でないこと」と答えた。(17)村民の間に「同族不婚≠同姓不婚」の認識があることは明らかにされた。とはいえ、「基本的に余所《ママ》の村の者と結婚する」ことは現実となっている。(18)実際の例を見ると、われわれが取り上げた一一四組の婚姻関係者のうち、村内婚はわずか三組だけで、二・六％を占めるだけにすぎない。そして、この三組のうち、同姓のカップルはただ一組郝姓だけであった。また、残り六四組の婚入者は全部村外婚であるが、その中でも同姓カップルは二組（劉姓・趙姓）しかなかった。近親婚率を低く抑えることが人口資質の向上と関わる問題であると認識する視点から見れば、こうした「同村少婚」および「同姓不婚」の習慣は、良い伝統であり、今後も「永年の習慣」として維持され続けていくだろう。

（二）通婚ブロックは郷内と隣接郷

寺北柴村の村外婚をみてみると、同村が所属している孟董荘郷内の通婚数が最も多く、婚入者が二二組（「村内婚」を含む）、婚出者が一五組、それぞれ三一・八％、三一・九％を占めている。つまり寺北柴村では同一郷内の他村からの嫁入り頻度と他村への婚出の頻度が共にもっとも高いことになる。また、他郷と寺北柴村との通婚関係を考察してみると、孟董荘郷の次に、婚入と婚出のいずれも欒城鎮と馬家荘郷は二、三位となっており、この鎮と郷はともに孟董荘郷に隣接し、寺北柴村寄りに位置している。したがって、寺北柴村の通婚には「郷内婚率」と「隣接郷婚率」が高いと判断できる。ここで特に留意すべきことは、通婚者数の多い村は、寺北柴村の南側、つまり県城の近くに分布しており、寺北柴村の北側にその分布は少ない。この点から当然推定されることは、人口の向都市的移動ということである。これは現代中国における都市への人口移動と並行したものであり、農村の新しい動きでもあると言えよう。

上記の「郷内婚」と「隣接郷婚」の婚率が高いことから、寺北柴村の通婚関係は基本的に欒城県内で行われているといえるだろう。第1―1表と第1―2表が示したように、寺北柴村の「県外」結婚は四組の例があるというものの、そのうちの二組が欒城県の東と東南方面に隣接する趙県と嵩城市（堤上村）からの嫁入りで、距離的には県内他郷と大差がないところである。注目すべきは承徳からの嫁入りが一例ある点である。婚入者は郝ETの妻で、「どうして（そんな遠いところから）ここに（嫁いで）来たのか」の問いに、彼女の夫は「彼女の家は、食べ物がなくてここに来た」と答えている。[19] つまりこれは婚姻の慣行に基づいて二人が結ばれたものではなく、特殊な理由（飢饉のため実家を離れ寺北柴村にやってきた）による特有のケースである。

第１－４表　寺北柴村通婚距離表

距離（里）	婚入者（人）	婚出者（人）
0～2里	7	5
3～5里	23	20
6～10里	22	10
11～15里	9	5
16～20里	4	3
21～50里	1	4
51里以遠	1	0

第１－１図　寺北柴村通婚距離図

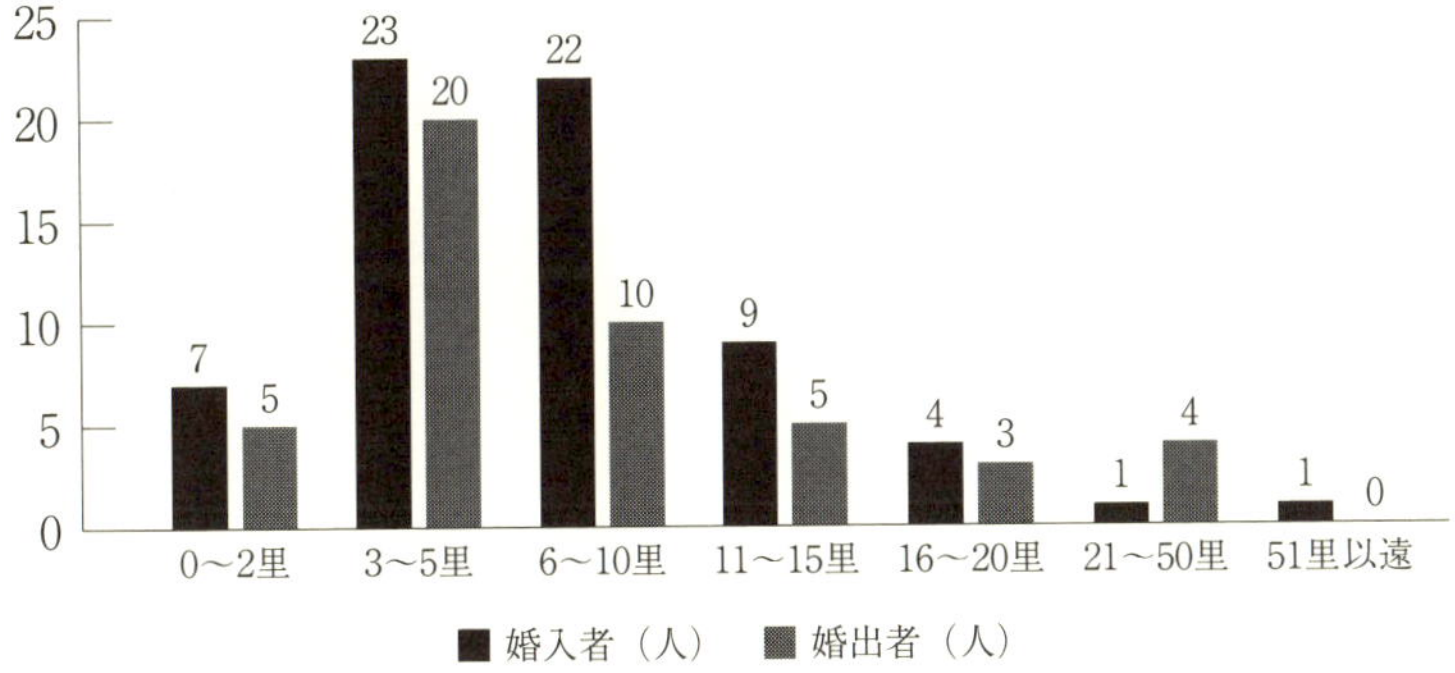

（三）通婚距離と社交圏の拡大

農村の通婚距離については、農民たちの日常感覚からすれば一〇里（約五キロメートル）[20]以上は遠いとされている。寺北柴村の通婚距離が近いか遠いかを判定するため、著者は第1―1表と第1―2表をもとに第1―4表と第1―1図を作成した。

この表と図から見てとれるように、寺北柴村の通婚（婚入婚出）の三七・八％（一一四組のうち四三組）と二八・一％（三二組）がそれぞれ三～五里、六～一〇里の範囲に集中している。両方を合わせて計算すれば、同村の通婚が三～一〇里の範囲で盛んに行われることが分かった。一九四〇年代には、寺北柴村を中心に半径一〇里の円周を描くと、被調査者の九五・七％までが円周内に入り、寺北柴村の通婚圏は非常狭いと先行研究による指摘がなされている。[21] この指摘と比較して寺北柴村の通婚圏の変化がうかがえる。一九九〇年代においては、一〇里以内で結婚した人の数は七六・三%、二〇里以内での婚姻関係者は九四・七%を占めている。つまり寺北柴村の通婚圏は五〇年を経て延べ一〇里ぐらい拡大されたこととなっている。一〇里（五キロメートル）から二〇里（一〇キロメートル）までの郷内および隣郷の地域は寺北柴村の遠方婚受け入れ地域として存在していると言えよう。

通婚距離と関連づけて通婚圏の変化を捉える発想から見れば、交通条件の改善などによる地理的縮小がこの変化に寄与していると考えられる。しかし、農民の社会活動は、基本的に親族や婚姻関係を基軸として展開されるとするならば、通婚圏の拡大は農民の社交ネットワークまたは活動空間の拡大とも言えるだろう。社交ネットワークは農民のライフサイクルが描いた軌跡として把握することができることから、その拡大の程度は農民の社会的モビリティーの発現として農民生活の富裕化程度と関連すると同時に、農民の社交活動の開放あるいは閉鎖の程度を意味しているのではないかと、われわれは考える。

（四）恋愛婚の出現と媒妁婚の変容

厳密に言うならば、配偶者選択のメカニズムの中で選択の範囲とともに重要なのは、選択の主体である。学界では従来、いかなる人物ないしは集団によって結婚相手の選択が行われるかが問題とされ、当事者が自らの意志で配偶者を選択する「恋愛婚」と当事者を含む家族・親族によって選択が行われる「媒妁婚」に区別されている。一九四〇〜九〇年代の五〇数年間、寺北柴村における結婚相手選択のメカニズムにはどのような変貌が見られただろうか。

一般的に古い中国社会では、自由な恋愛結婚は、封建的家長制に反抗する反逆的精神をもつ結婚ということで非難の対象として長く語り継がれてきたため、伝統的な農村、例えば寺北柴村においても、一九四〇年代の時点でこのような結婚の事例を発見することは困難であった。そこにあったのは親が媒妁人を通じて結婚相手を探し、親がそれを決めるといった古来の「包辦結婚」であった。例えば『中国農村慣行調査』の応答録に次のような会話がある。[22]

・民国になってから新しい法律は行われたか＝やはり旧慣を尊重している、新しい法律は餘り行われない。
・民国の法律ができて困ったことはなかったか＝困ったことはないが「自由結婚」や「父子平等」は無用だ。民国の法律で実行できるものは実行しているが、右のようなことは古い習慣があるので実行しなくても罪にはならない、私が今まで話したことは皆古来からの習慣だ。
・自由結婚はないというが親がきめるのか＝然り、「父母の命」「媒妁の言」によってきまる。
・最近若いものが自分で嫁を選ぶことはないか＝ない、そんなことをすると擲てられる。孔子と孟子のきめた三綱（君臣父子夫婦）五常（仁義礼智信）によるのだ。

その時代においては、親の権威は至上的であって婚姻当事者もほとんど反抗できなかったことは、一三歳で結婚した郝ＪＴの婚姻についての父親郝ＺＺの応答から判断できる。「息子の進堂には定親のことを直ぐ話したか＝小帖の交換、請客の時に息子は自然に知った。自分から特別に話をしなかった」、「息子は定婚前または定婚後にその姑娘に会ったことがあるか＝結婚するまで一度も会ったことなし」、「いつ姑娘の顔をみるか＝結婚してから」、「嫁にきてからはじめて会って気にいらない時はどうするか＝盲目でもびっこでも没法子」[24]と。[23]

解放後、一九五〇年の中華人民共和国の最初の婚姻法の施行とともに、こうした包辦結婚が次第に姿を消していった。結婚前に一度も会ったことのない相手と結婚した劉ＷＳの話によると、そのころは離婚が割合多かったが、その原因は「みな包辦結婚だったので感情不一致が多かった」ためとされる。(25)彼自身も一九五二年に法院へ行って離婚の手続きをしたという。また六二歳の董DJの証言によれば、「あの時ある娘が騒ぎをおこし、包辦に反対して絶食した」(26)、これは婚姻法がよく宣伝された効果であったという。五〇年を経って、一九九〇年代の寺北柴村においては、包辦婚姻(27)のケースがまったく見当たらず、状況は大きく変化した。(28)その表われの一つは自由恋愛結婚の増加である。

一九四九年の解放前、婚約者同士が結婚以前にほとんど会えない理由の一つとしては、二人が会ったら他人に笑われ、うわさの種にされるということがあげられていたが、七〇歳の王GRの話によると、「もう今は思想が変化し、かまわなくなった」という。(29)二〇代の王SXも同様の証言をしている。すなわち「自由恋愛をすると村で噂の種にされるか＝そんなことはない」、「今でも包辦結婚があるか＝もうない」(30)と。

現在の寺北柴村では、八〇～九〇％の結婚が紹介によって配偶者を決定したものではあるが、こうした自由に交際できる環境の中で、「ここ数年、自由恋愛が増えてきている」ともいわれている。(31)実際の例を見てみると、われわれの取り上げた六七組の婚入者の中、恋愛で結婚したカップルは一組であった。当事者の証言によると、一九四九年に寺北柴村に生まれた趙SGが一九六九年に同村小学校の「民辦教師」となった同時期に、石家荘から下放してきた知識青年である杜QJも同じ職場で教鞭を執っていた。仕事の関係で二人は付き合いを始め、そして恋愛し、一九七二年冬に「他人の紹介によらず結婚した」(32)。現在、夫は校長として、妻は教師として、お互いに協力しながら地元のある小学校に勤務している。これはおそらく寺北柴村の最初の恋愛婚であろう。

恋愛婚のケースがあったとしても、このような結婚が寺北柴村ではまだ普遍的なものではないのも事実である。上記恋愛婚の一組以外の六六組の結婚は基本的には紹介によるものである。つまり「紹介人」(仲人)を介した形で近隣地域から配偶者を求めるケースが一九九〇年代の寺北柴村でも最も多く、「媒妁婚」の形式がまだ残っていると言える。[33] しかしながらここに言う「媒妁婚」とはただの「形式」だけで、その内容はすでに変容していることに注意すべきである。

現代の「媒妁婚」を一九四〇年代のものと比べてみれば、同じく媒妁人が要るとはいうものの、その内実は「父母包辦」から「自主結婚」へ変容された。周知のように、「父母包辦」は配偶者選択を含めた婚姻の全過程が父母によって掌握されている婚姻であり、当事者の意志は尊重されない完全な媒妁婚である。このような家長制的な伝統的婚姻は一九四〇年代の寺北柴村の婚姻の基本パターンとなっていた。一九九〇年代においては、表面的には親族や親戚などといった紹介者はまだ存在しているが、父母が基本的に婚姻当事者の意志を十分に尊重すること、当事者が相手との交際を経て自主的に婚姻の可否を決めるといった「見合いをして恋愛する」ことが基本的なパターンとなっている、著者はこれを「自主結婚」と呼ぶことにする。

一九九〇年代の寺北柴村では、婚姻当事者は結婚を自分の「終身大事（一生の重大事）」と認識して、相手との恋愛段階を経てから結婚するという気持ちが強く、愛情を重視する傾向が進んでいることが見て取れる。このことに関しては、いくつもの事例が挙げられる。たとえば現在四〇代の王SZと郝XSは、郷親の紹介で知り合って半年で結婚したが、この間に、「お互いに不満がなかったので、決った」。そして「決まってから一度石家荘に遊びにいき、公園で遊んだ[34]」という。お互いの交際時期はまだ短いが、恋愛の段階は確かに設けられている。一九九四年から婦女主任に就任した張JTと李LQとの結婚にも恋愛の段階があった。二人はまず各自の親戚の紹介で付き合いを始めた。後に、李は兵役のため部隊に帰ったが、お互いに手紙を通じての文通交際を経て結婚に至っている。[35] 三〇代の劉ZLは寧RZと知り合ってから一年間ぐらいで結婚したが、その間の付き合い方については、本人が「何度か映画を見たり、石家荘にいって買い物をしたり、三〜五回だ」と回想した。当時、仲人相当の「紹介人」が彼に彼女の印象を聞く場合もあったが、彼は「われわれは自分たちで連絡できる」と答え、これから自分たちのペースでやるとの自主結婚の意志を強く示したという[36]。

当事者以外の村民に対しても、われわれは恋愛婚のことを民俗研究の課題として取り上げて質問した。たとえば、次のような応答がある。「今、農村では、恋愛する人が多いか＝自由恋愛した人もいるが、農村では見合い結婚が多い。まず見合いをして、そして恋愛する。例えば二人で石家荘へ遊びに行ったりするとか、普段からよくつきあったりするとか、だんだん感情が深くなるのだ[37]」、その後、当事者の二人が「気が合う」のなら婚約する、そして大体一年間か半年ぐらい経ったら挙式をするという。一九九〇年代の寺北柴村においては、こうした自主結婚の傾向がきわだって多いことが上記の農民たちの言葉から理解できる。

「媒妁婚」の内実の変容は「仲人」の性格の変化からもうかがえる。一九四〇年代、寺北柴村における伝統的媒妁結婚には「仲人」が「媒人」と呼ばれていて、その果たす役割は大きかった。また、「媒人」となれるのは同族、親戚、郷親それぞれあり、その性格は一概にはいえないが、基本的には老人や当事者の親の世代の人が多いようであった。現在はこうした「媒人」の変わりに「紹介人」と呼んでおり、「紹介人」は親世代より同世代の友人の方が多いと村民たちが語っている。すなわち「媒人は老人か＝決まっていない。昔は老人の媒人が多かったが、現在は自由恋愛で若い友人が紹介人になる[38]」。「現在若者が結婚相手を探すときに『媒人』にたのむか＝ない。紹介人がいる。すべて若者が友達同士で紹介している。これは昔の『媒婆』（仲人のお婆さん）がすすめる『説媒』（結婚話）とは違う[39]。」と。農村の若者がお互いに協力して自主的に結婚しようという意欲が、われわれ調査者に強い印象として残っている。

（五）貧富格差の影響は通婚に及ぶ

最後に寺北柴村の終身未婚者のことについて簡単に触れておく。解放前、同村は近隣地域でも名高い貧村であり、村民の生活は非常に貧しく、多くの人は長工・短工によって生活を維持していた。そのため、周辺の村には「(毎日)粟のお粥ばかりはもううんざりだ、臼をひくのももううんざりだ、糠の餅ばかりはもううんざりだ、娘がいても柴村の人には嫁がせない」という流行り謡が伝えられていた。[40]一九四〇年代の満鉄調査の記録を調べてみると、その時点で、貧困のため、三〇歳になってもまだ結婚できない男性が少なくとも二〇人ぐらいはいた。

解放後、このような状況は根本的に変わったが、村民の間に「生活水準が同じではなく、一年に七〜八万元を稼ぐものもいれば、一年に二〜三千元しか稼げないものもいる。差は非常に大きい」[41]ということで、生涯結婚できない人がまだ存在していることは蔽いえない事実である。一九九四〜九五年の時点で、五〇歳以前に結婚できなかった人、恐らく終身未婚となる男性は、われわれの知り得たかぎりでも、少なくとも四〜五人はいる。そのうちの一人である徐ＸＹ（六七歳）は著者の質問に次のように答えてくれた。「いつ結婚したのか＝結婚したことがない」、「なぜか＝その条件がなくて、私には嫁の来手がなかった」、「一九五〇年に中央政府は新しい婚姻法を公布した。売買婚を禁止し、婚姻自由を提唱した。当時、あなたは知っていたか＝知っていた」、「なぜ配偶者を探さなかったか＝生活のことさえままならなかったのに、ましてや配偶者を探すことなど考えられなかった」[42]と。また、われわれは他人との話の中でもこの問題を取り上げた。

・この村は、貧富の格差が大きいかどうかを知りたいが＝小さくないと言える。

・例えば、誰の生活が一番貧しいか＝具体的には私もよく分からないけど、郝ＢＺ、郝Ｊ兄弟は、割に苦しい生活をしていると、みんながよく言っている。
・その兄弟は二人で生活しているか＝そうだ。
・二人とも結婚していないか＝していない。
・貧乏のため結婚できなかったのか＝暮らしはかなり苦しいだろう。
・二人は大体何歳だろうか＝若い方でも五〇歳ぐらいだ。(43)

何らかの方法を講じて村民を共同富裕へと導き、貧困が原因で結婚できない村民が存在する条件を消滅するさせることは、農村のリーダーにとっても一つの重要な課題であろうとわれわれは痛感した。

第三節　貧困村における伝統の変容

寺北柴村は、中国に数十万個ある村落の中でごく普通の一つにすぎないが、特別な事情からその名は広く知られている。というのは一九四〇年代の同村についての満鉄調査の資料が存在することから、それ以後同村の経済や社会的動きは今なお世界各国の研究者に注目されているからである。今までわれわれは、寺北柴村の通婚関係を中心にその伝統と変革を考察してきた。以上を踏まえて最後にまとめて今後の課題について触れておこう。

寺北柴村は欒城県城に近接し、河北省都の石家荘にも遠くないところにあり、交通も非常に便利であるが、経済の発展は周りの諸村落と比べて大いに後れをとっており、村民の生活も相対的に貧しい。一九四〇年代の「貧村」（貧困村）という「伝統」から脱皮することはまだ十分に達成できていない。その原因の一つとして考えられるのは、村民の情報不足や事業を起こす際に必要な強力な協力者・後援者が少ない等農民の社交圏と関連する諸要因がある。農村の通婚圏が農民の社交圏と重なる関係にあることは前述の通りであるが、寺北柴村の現在の通婚圏は、一概に閉鎖的でもなければ、また十分に開放的であるともいえない。今後、通婚距離もより拡延されて、通婚圏がもっと拡大されれば、農民の社交ネットワークもそれにつれて拡がり、経済発展にも役立つことだろう。また逆に、情報流通や経済的発達は通婚圏や社交圏の拡大にもかかならず良い影響を与えるに違いない。

伝統的要素と変革的要素とが共存しつつ変容していく状況は、寺北柴村の特徴であり、また華北農村社会の特徴でもあると言えるだろう。従来、われわれは近代化を考える際、「伝統」イコール「封建的」という想定をもって、社会の近代化を阻害するものとして批判する場合が多かった。しかし、華北農村の独自の環境のもとで生き続けてきた一部の「伝統」はすでに変容し、伝統的な外殻の内部で近代化が進行しつつある。前述の「媒妁婚」はその中の一つである。中国農村の近代化過程は、大都会のそれよりも遥かに緩慢なものであり、「伝統」の長期的な変容を伴いながら、変革は社会の深部へと漸進的に進んでいくのがその特徴であろう。厳密に言えば、中国農村社会は近年目覚ましい変化を遂げたと言っても、近代化はいまだ成し遂げられていないし、そのために克服すべき多くの困難を抱えていると言うこともできる(44)。先進工業国の反近代化論者の立場から見れば、近代化は社会の病根になるさまざまな弊害を生み出しているということもできるかもしれないが、発展途上国たる中国の農民にとっては、近代化とは物質的水準と文化的水準の向上、つまり人間の幸福に接近する一つの過程を意味するものにほかならない。こうした幸福を獲得しようとするならば、工業・農業・副業を発展させる以外に真の近代化を成し遂げる道は開けないだろう。

注

（1）三谷孝編『農民が語る中国現代史——華北農村調査の記録——』八頁、内山書店、一九九三年。
（2）「中文版序」、黄宗智『華北的小農経済与社会変遷』中華書局、一九八六年。
（3）詳しくは田島俊雄『中国農業の構造と変動』（御茶の水書房、一九九六年）二九頁を参考されたい。
（4）辻田順一の訪問記録は石田浩の手で取りまとめられ、石田浩「『中国農村慣行調査』研究と欒城県寺北柴生産大隊の訪問」（『東方』第三六号、一九八四年三月）として発表された。河北省欒城県地方誌編纂委員会編『欒城県誌』七七頁、新華出版社、一九九五年。
（5）川井悟「中国河北農村の参観から」（『同朋』第七八号、一九八四年一二月）、石田浩「華北農村調査の成果と今後の課題」（『東方』第四八号、一九八五年三月）、石田浩「中国農村社会経済構造の変容分析——河北省欒城県孟董荘郷寺北柴村と山東省歴城県冷水溝村の調査事例——」（『経済論集』第三六巻第六号、一九八七年三月）。
（6）小林弘二「中国農村見聞記——『慣行調査』の村はどう変わったか——」（『アジア経済』第二六巻第四号、一九八五年四月）、前掲『欒城県誌』七九頁。
（7）内山雅生「中国華北農村参観の旅」（『近きに在りて』第一一号、一九八七年五月）、秦惟人「華北農村の印象と郷鎮企業——中国社会経済史学術交流訪中団に参加して——」（同前）。
（8）三谷孝『中国農村参観の記録（一九八八年四月〜六月）』、一九九〇年五月製本、私家版、八〜一二頁（のち主要部分を「調査村参観記」として三谷孝編『中国農村変革と家族・村落・国家——華北農村調査の記録——』第二巻に収録、二〇〇〇年、汲古書院）、前掲『欒城県誌』八三頁。外事辦供稿「我県的外事活動」（『欒城県文史資料』第二輯、二一九頁、一九九二年一二月）。
（9）前掲『欒城県誌』九一頁。

（10）通婚圏の基本については次の研究を参考されたい。合田栄作『通婚圏』大明堂、一九七六年。小山隆「通婚圏の意味するもの」（小松堅太郎編『社会学の諸問題』所収、有斐閣、一九五四年）。
（11）石田浩「旧中国農村における市場圏と通婚圏」『史林』第六三巻五号、一九八一年。中生勝美「華北の定期市――スキナー市場理論の再検討」宮城学院女子大学キリスト教文化研究所『研究年報』第二六号、一九九三年。
（12）一九四〇年代から「荘稼人嫁給荘稼人」は寺北柴村の基本となっているようである（中国農村慣行調査刊行会編『中国農村慣行調査』第三巻、一〇一頁、岩波書店、一九五五年）。
（13）地理的通婚圏と社会的通婚圏については、次の研究を参照されたい。鈴木透「日本の通婚圏――地理的通婚圏」（『人口問題研究』第一九五号、一九九〇年七月）、同「日本の通婚圏――社会的通婚圏」（『人口問題研究』第一九七号、一九九一年一月）。小島泰雄「通婚圏と配偶者選択――中国農村における婚姻の空間研究の前提――」（『神戸市外国語大学外国学研究所研究年報』第三一号、一九九三年）。
（14）ここでいう「完全情報」とは、婚入者の場合は出身地、年齢、夫の基本情報などを完全に把握しており、しかも調査の時点で二人とも健在であった事例を指して言う。婚出者の場合は年齢、嫁ぎ先などの情報を完全に把握していることを指す、同様、物故した人の例は含めていない。
（15）前掲『中国農村慣行調査』第三巻、三四頁。
（16）前掲『中国農村慣行調査』第三巻、一四八頁。
（17）中生勝美調査記録、一九九五年二月一八日午後、寺北柴村にて。三谷孝編『中国農村変革と家族・村落・国家――華北農村調査の記録――』（一九九九年、汲古書院）、二五七頁。
（18）「この村には同姓の者と結婚した者はいるのか＝いない。基本的に余所《ママ》の村の者と結婚する」。リンダ・グローブ、張利民調

査記録、一九九五年二月二二日午後、寺北柴村にて。前掲『中国農村変革と家族・村落・国家――華北農村調査の記録――』二三八頁。

(19) 中生勝美、張洪祥調査記録、一九九五年九月九日午前、寺北柴村にて。前掲『中国農村変革と家族・村落・国家――華北農村調査の記録――』四七二頁。

(20) 里は地上の距離を計る単位である。しかし、日本では、一里は三・九キロメートルに相当するが、中国では、わずか五〇〇メートルに相当する。

(21) 前掲、石田浩「旧中国農村における市場圏と通婚圏」。

(22) 前掲『中国農村慣行調査』第三巻、八八頁。

(23)「定親」は「定婚」とも言うが、結納を交わす意味。

(24) 前掲『中国農村慣行調査』第三巻、一〇一頁。

(25) 浜口允子調査記録、一九九五年二月一八日午後、寺北柴村にて。前掲『中国農村変革と家族・村落・国家――華北農村調査の記録――』一七七頁。

(26) 末次玲子調査記録、一九九五年九月七日午後、寺北柴村にて。前掲『中国農村変革と家族・村落・国家――華北農村調査の記録――』四八三頁。

(27) 包辦婚姻（包辦結婚）とは結婚相手が本人の意思ではなく、親達の意思によって勝手に決められたものを指す。

(28) 一九九〇年代施行中の婚姻法は一九八〇年九月に新たに制定されたものである。

(29) 末次玲子調査記録、一九九五年九月八日午後、寺北柴村にて。前掲『中国農村変革と家族・村落・国家――華北農村調査の記録――』四八七頁。

(30) 末次玲子調査記録、一九九五年九月一〇日午後、寺北柴村にて。前掲『中国農村変革と家族・村落・国家――華北農村調査の記録――』四九五頁。

(31) 笠原十九司、左志遠調査記録、一九九五年九月九日午後、寺北柴村にて。前掲『中国農村変革と家族・村落・国家――華北農村調査の記録――』、四三一頁。

(32) 笠原十九司、左志遠査記録、一九九五年九月一〇日午前及び午後、北五里鋪にて。前掲『中国農村変革と家族・村落・国家――華北農村調査の記録――』四四一頁。なお、民辦教師は、中国農村で深刻な公辦教師（正規教師）の不足を補うため、農村から採用された代課教師のことを指す。民辦教師は福利厚生が殆どなく給与も低かったが、子どもの教育に大きく貢献する重要な存在であった。二〇〇九年、中国政府の政策により、この制度が無くなり、一部の民辦教師は正規教師へ身分を転換された。

(33) 一九九五年九月に行われた「女性の生活と意識についてのアンケート調査」の結果によると「どうやって知り合ったか」に対して、三七名の既婚女性のうち三六人が「人の紹介による」と答え、一人は回答しなかった。この結果も上記の判断を裏付ける。前掲『中国農村変革と家族・村落・国家――華北農村調査の記録――』八九五頁。

(34) 浜口允子調査記録、一九九五年二月二〇日午前、寺北柴村にて。前掲『中国農村変革と家族・村落・国家――華北農村調査の記録――』一八六頁。

(35) リンダ・グローブ、張利民調査記録、一九九五年二月二一日午前、寺北柴村にて。前掲『中国農村変革と家族・村落・国家――華北農村調査の記録――』二二四～二二八頁。

(36) リンダ・グローブ、張利民調査記録、一九九五年九月一二日午後、寺北柴村にて。前掲『中国農村変革と家族・村落・国家――華北農村調査の記録――』三九〇頁。

(37) 李恩民調査記録、一九九四年一二月二七日午前、寺北柴村にて。前掲『中国農村変革と家族・村落・国家――華北農村調査の記録――』一六〇頁。
(38) 中生勝美調査記録、一九九五年二月一九日午後、寺北柴村にて。前掲『中国農村変革と家族・村落・国家――華北農村調査の記録――』二五二頁。
(39) 中生勝美調査記録、一九九五年二月二一日午後、寺北柴村にて。前掲『中国農村変革と家族・村落・国家――華北農村調査の記録――』二六〇頁。
(40)「米飯湯灌死人、轆轆把擰死人、糠餅子膩死人、有女不嫁柴村人」(党支部書記郝YZ「寺北柴村概況」による、一九九四年一二月二四日欒城県招待所会議室にて)。
(41) 浜口允子調査記録、一九九五年二月二二日午後、寺北柴村にて。前掲『中国農村変革と家族・村落・国家――華北農村調査の記録――』一九九頁。
(42) 李恩民調査記録、一九九五年一二月二五日午前、寺北柴村にて。前掲『中国農村変革と家族・村落・国家――華北農村調査の記録――』一四九、一五一頁。
(43) 李恩民調査記録、一九九五年九月九日午前、寺北柴村にて。前掲『中国農村変革と家族・村落・国家――華北農村調査の記録――』五三三～五三四頁。
(44) 中国における近代化の意味や農村社会近代化の特殊性については、次の研究が示唆に富んでいる。岡部達味『中国は近代化できるか』日本経済新聞社、一九八一年。内山雅生「近代化と農村社会」(池田誠・上原一慶・安井三吉編『中国近代化の歴史と展望』二〇二～二一八頁、法律文化社、一九九六年)。

第二章　農民の子孫：一人っ子政策の実態

【調査手記】

●一九八七年春、妻が妊娠、想定外の出来事であったが、二人とも喜んでいた。ところが、職場の計画生育係に報告したところ、出産許可は事前申請したかと問われ、回答に戸惑ったことは記憶に新しい。その後、妻は出産許可書を申請して妊娠が叶わなかった同僚から許可書を譲ってもらい、無事出産。「独生子女証（一人っ子証書）」も発行された。一人っ子政策について都市部の管理は厳しかった。

●中国の一人っ子政策はその初めから先進諸国および宗教団体に人権侵害として非難されてきたが、その具体像についての研究は、都市部或いは一般論だけに留まり、広大なる農村、特に村レベルのその実態を実証的に検証したものは極めて少なかった。

●一人っ子政策の実施にあたり、世々代々の伝承を重んじる農民達から強い反発があった。中絶を強いられた農民の反発は大体村の幹部への嫌がらせで表れている。筆者の高校生の時、生まれ育だった村で婦女主任の自宅の玄関先に大量の糞便が撒かれたという話は大人から何回も聞いたと記憶している。しかし、その後、やむなくその政策への理解を示し、忠実に行動した農民が増えていった。

農村調査時に録音したカセットテープのテープ起こしの原稿（ケバ取り）

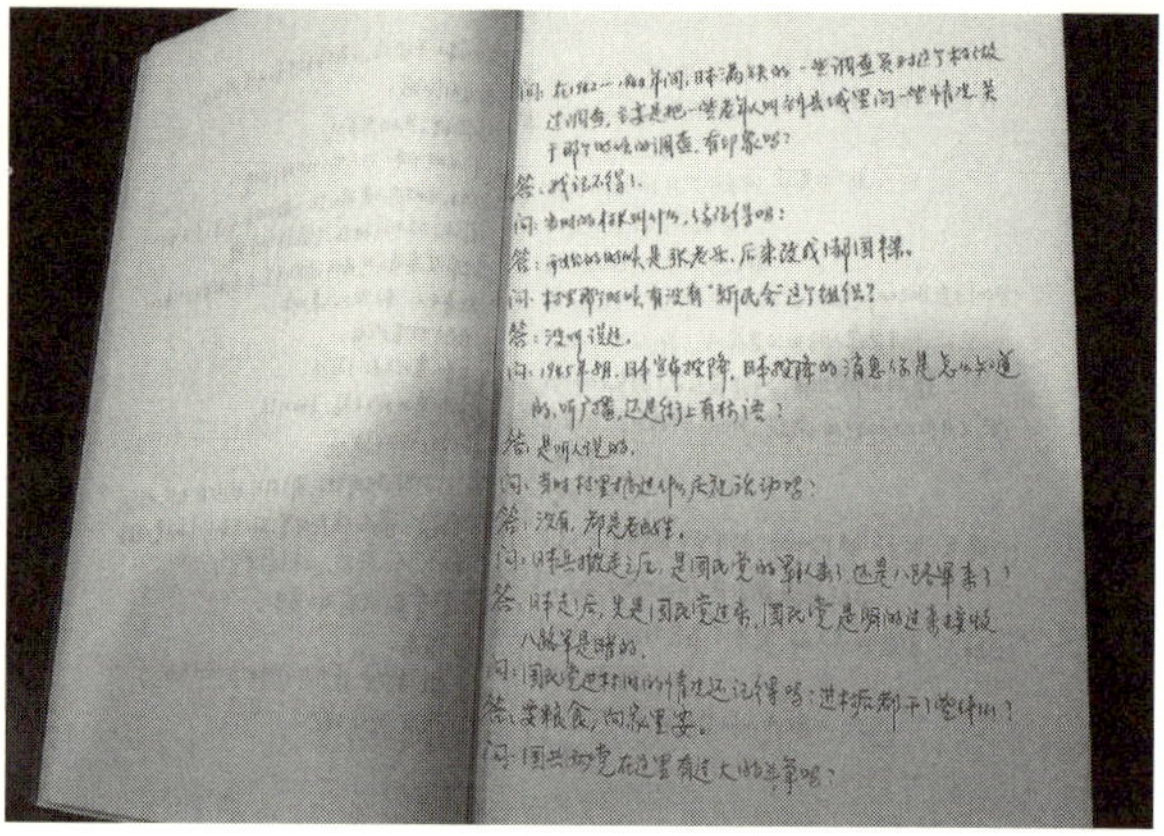

第一節　一人っ子政策の施行と終焉

「計画生育」（計画出産）政策とは、人口の増加を抑制し国民の資質を向上させるためにとられた措置である。文化大革命終了後、人口の急増という深刻な事態に直面した中国政府は、一九五〇年代には自らが厳しく批判した計画生育政策を正式にスタートさせた。一九七八年三月、全国人民代表大会は「国家が計画生育を提唱する」ことを決議し、その遵守を関係者に奨励した。一九八〇年代になると、政府は計画生育を国民に義務づけ、強制力を行使して全国的にその実施を促進した。一九八二年から二〇一五年まで三〇数年間、一人っ子政策を中心とした計画生育政策は、中国の基本的な国策の一つとして実施され、人口問題の重大性を端的に示すものとして世界の注目を集めている(1)。しかしながら、注意すべき点は、この政策が徹底的に貫徹されたのは都市においてであり、農村での施行に関してはさまざまな複雑な問題が存在していることである。いったい中国農村において計画生育政策が実施された最初の十数年間に、農民の産児状況はどこまで変革されたのか、またこの政策の実態と問題点は何であるのか。本章では、とくに先進的とも後進的ともいえない華北平原の一つの村をとりあげ、一人っ子政策を中心とした計画生育政策の施行と村民の生育観の変遷を例として、これらの諸問題を考察したい。

その村、河北省欒城県孟董荘郷寺北柴村は、河北省都の石家荘市の東南二〇数キロメートル、欒城県城の北約二キロメートルにあり、華北農村の中でごく普通の村であるが、一九四〇年代の同村についての満鉄調査資料が存在することから、その名は中国農村に関心をもつ研究者の間では広く知られており、同村の経済や社会の動きは今なお多くの人々から注目されている。一九九四年冬と一九九五年夏、東京の「中国農村慣行調査研究会」は、南開大学の魏宏運、張洪祥、左志遠（以下敬称略）など歴史学系教授の協力を得て寺北柴村に入村し、二回にわたって再調査を行った。[2]再調査にあたっては、欒城県・孟董荘郷・寺北柴村のそれぞれの概況を把握した上で、村の経済関係統計資料の収集・年齢層別アンケート調査・住宅地図および主要家系図の作成・清代雍正以降の土地や宅地売買文書の複写などを行うとともに、村民や県・郷の幹部延べ百十数名に対して、一七〇回以上の聞き取り調査を実施し、膨大な調査資料を作成した。本章はこの調査記録およびデータに基づき分析したものである。

第二節　各家庭における子供数の変遷からみる一人っ子政策の実態

解放前、寺北柴村は人口も少ない小規模の「貧困村」であった。一九四〇年の満鉄調査時の村の戸数は一四〇戸、人口は七一〇人で、一戸平均家族数五人強、一組の夫婦の平均子供数は三人にすぎなかった。[3]解放後には状況が一変して、子供を多く産む傾向がきわだつこととなった。[4]その具体像を考察するために、また中国農村における計画生育の実態に迫るために、われわれの調査では村民の家族構成の状況をできるだけ詳しく質問した。ここで質問に答えて

第2-1表　寺北柴村における年齢層別応答者の子供数統計表
(1994・1995年調査)

	年齢層						
子供数	80代(3組)	70代(11組)	60代(17組)	50代(9組)	40代(15組)	30代(12組)	20代(3組)
1人	0	0	0	0	0	2	2
2人	0	2	1	0	11	7	1
3人	0	0	2	3	3	2	0
4人	2	3	1	5	1	1	0
5人	0	1	6	1	0	0	0
6人	1	3	3	0	0	0	0
7人	0	2	1	0	0	0	0
8人	0	0	0	0	0	0	0
9人	0	0	3	0	0	0	0
平均数	4.7人	4.8人	5.5人	3.8人	2.3人	2.2人	1.3人

くれた寺北柴村の七〇世帯の村民（養子を養った老年夫婦と子供をまだ生んでいない新婚夫婦は除いた）の子供所有数を年齢層別に第2―1表「寺北柴村における年齢層別応答者の子供数統計表」として作成した。

農村には早婚者も晩婚者もいるが、平均的にみて、大体二〇歳代で結婚したと仮定した上で計算すると、上記のように各年齢層の結婚年代は次のようになる。すなわち、八〇代は一九二〇年代後半～一九三〇年代前半に、七〇代は一九三〇年代後半～一九四〇年代前半に、六〇代は一九四〇年代後半～一九五〇年代前半に、五〇代は一九五〇年代後半～一九六〇年代前半に、四〇代は一九六〇年代後半～一九七〇年代前半に、三〇代は一九七〇年代後半～一九八〇年代前半に、二〇代は一九八〇年代後半以降結婚したと推定できる。上記の第2―1表に見られるように、寺北柴村の子供数の傾向は、一九四〇年代前半～五〇年代前半に結婚し、（出産適齢期を結婚後一〇年とすれば）概して一九五〇年代前半～六〇代年前半に子供を作った六〇代をピークとして、前後二つの時期に分けられる。前期は、子供数が満鉄調査時の三人から四・八人を経て五・五人へと激増した時期であり、後期は三・八人から二・三人を経て二・二人への漸次減少した時期といえる。[5] これは欒城県全体さらには中国全体の人口の動きと合致したものである。

まず前期・激増期を考えてみよう。一九四五年の抗日戦争勝利、一九四九年の中華人民共和国樹立後、長期にわたる戦乱・戦禍から解放された中国人はようやく平和な経済発展の新時代を迎えた。死亡率は一九四九年の二〇‰から一九五三年の一四‰まで下がる一方で、人口の自然増加率は一九四九年の一六‰から一九五三年の二三‰に上昇し、全国の人口も六億となって、中国において最初の人口増加のピークとなった。[6] 欒城県の人口も解放初期の一九四九年の二万六八九八戸・一二万八二七〇人から一九五四年の三万七二六三戸・一八万三四〇三人まで増加しており、各戸平均四・九二人となっていた。[7] このような時代的特徴は、寺北柴村民家庭の子供数にも反映されている。第2―1表の七〇代の欄で示した通り、その時、一般の家庭は四~五人の子供を生んでいて、最高七人を生んだ。子供が二人しかいない夫婦は二組あるが、そのうちの一組は中年になって結婚したものであった、つまりその時代では二~三人しか子供を生まないというのは流行らなかった。

その後の一〇年間にも（その間三年連続の大不作があったにもかかわらず）、旧来の「早生児女早得済」（子供は早く生んだ方がよい）、「多子多孫多福寿」（子孫は多いほど幸せだ）の意識が寺北柴村村民の中で解放前よりさらに強くなったようである。第2―1表を見てみると分かるように、六〇代の寺北柴村村民の平均子供数は五・五人であり、しかも一七組の被調査者のうち、九人の子供を有する人は三組もある。これは中国の第二回人口増長のピークを具体的に反映したものである。一九五〇年代後半から、中国における出生率は急激に増加し、一九五七年の三四・〇三‰から一九六二年には三七・〇一‰に上昇し、さらに一九六三年には四三・三七‰という記録的な高さに達してしまった。同時に、人口の自然増加率も一九五七年の二三・二三‰から一九六二年の二六・九九‰、一九六三年の三三・三三‰まで上昇した。[8] 一九六二年は第二回の出産のピークが予想よりはるかに早くきていた年であった。一九六四年の全国人口センサスの結果、全国の人口は七億二千万人にまでなっており、欒城県も四万五一七四戸、二〇万六七八一人で、各戸の平均人数は四・五八人となっていた。[9] 一九六六年の文化大革命開始以後、国内は事実上無政府状態に陥り、人口激増の傾向は頭打ちになった。寺北柴村におけるこの傾向は第2―1表の五〇代の欄に示されている。

寺北柴村の子供数変化の後期・漸次減少期の特徴は、一九九四年と一九九五年当時四〇代と三〇代の村民家庭の子供数にあらわれている。前期よりかなり減って、平均一組の夫婦が二人強の子供をもっており、最多でも四人までである。これは一九七〇年代後半から実施された厳格な計画生育政策の結果といえるのであるが、政策と農村の伝統・現実とが対立・融合した結果であるとも考えられる。

周知のように、中国農村での計画生育政策の厳格な執行は多くの困難がともなう。一人っ子政策を中心とした計画生育の政策に対して、農村では伝統と現実との両方がそれに抵抗しているからである。この仕事を実際にやってきた寺北柴村の幹部達の証言は説得力のあるものである。一九七三年から一九八四年まで一一年間婦女主任としてこの村に勤めていた王SZは、自分が婦女主任だった時のもっとも大変な仕事は「計画生育だ」、なぜかと言うと「そのころ計画生育が開始されたばかりで､農村には『多児多女多福』の思想があったので工作はうまくいかなかった」と語っている。[10] 一九七〇年代前半まで数年間村の党書記をしていた郝QFは、われわれの調査員に伝統と政策との衝突を説明した。「書記にとって最も難しいことは何か＝それは計画生育の工作だろう。それに比べれば他のことは小さなことだ」､「どうしてそんなに難しいのか＝古い思想の持ち主がいるのだ。とにかく男の子を生みたがる。二人女の子がいても、まだ男の子が欲しいという。上級は超過出産を認めないから、書記は思想工作をしなければならない。すると怨まれて仇になってしまう」と。[11]一九八四〜一九九一年の間民兵連長・党副書記をしていた劉SJも同じことを語った。「幹部であることは本当に頭の痛いことだ。社員のことは処理が難しい。計画生育工作はその最たるものだ。村は文化が高くない。だから男の子を欲しがる。厳格にやれば社員は面白くない」。[12]団書記と党書記とも勤めたことのある劉YHも言った。「県や郷から人が来て計画生育をきちんとやれというと、村の幹部はそのとおりやらねばならず、結紮だ、罰金だと他人の怨みをかうようなことをしなければならない」という。[13]郝TSは一九八七〜一九九三年村の党書記をしていた。彼は「上の精神は一組の夫妻は子供一人がよいということだが、下の仕事は難しい。上の方につきあわねばならず、下の方にもつきあわねばならない」と語った後、例を挙げて、超過出産者の再妊娠に対して、「人工流産するように説得する」ことの難しさを説明した。[14]確かに、超過出産の人に対しては、幹部は「捕まえると怨まれ、捕まえないと任務を完遂できない」ので、非常に「やりにくい」。[15]

計画生育への抵抗は伝統以外に現実の問題もある。同じく郝TSの話によれば、現在では「家で一人の女の子しかいないなら、うまくいかない」、「農地に関して言えば、夜間男の子が水を見ていれば家でも安心できるが、女の子が水を見ていると、肝が小さいと行きたがらないし、家でも安心できない。」[16]、これは労働力の問題とかかわるものだと考えられる。寺北柴村史上唯一の女性党書記である徐CMも次のように語った。「農村には実際上の問題がある。農作業は大変体力を必要とし、女ではできない仕事がある。そこで男性労働力がどうしても必要だということがあり、また伝統思想の影響もある」と。[17]

こうした状況のもとで、寺北柴村の計画生育は当初はあまり順調に進まなかったようであるが、長期にわたって強制的な手段（西洋先進諸国はこれを人権侵害として非難するとともに対中外交交渉の素材としても持ち出したが、本稿は人権問題との関わりを討論しない）も含めて推進された結果、一九九〇年代はよりスムーズに進められるようになるとともに、村民の生育観も変化してきた。その主な点については次節で検討したい。

第三節　生育観の変化：伝統・現実・変革の共存

寺北柴村村民の生育観の変化は、次の数点に示されている。

(一)「多子多福」の観念から「児女双全」への転換

「多子多福」や「子孫満堂」(子子孫孫がいっぱい居る)や「伝宗接代」(代々血統を継ぐ)や「光宗耀祖」(祖先の名を上げる)などは中国農民の伝統的生育観であった。二〇年近くにわたる計画生育の宣伝と推進の結果、一人っ子政策が農村ではまだ完全に通用できなかったが、「児女双全」、つまり男女各一人の二人っ子観念はほぼ定着していたようである。われわれは寺北柴村で調査時の一九九四年と一九九五年に、農民のこのような考えを強く感じた。「もし『計画生育』でなかったら何人子供がほしいか＝一男一女がよい」[18]とか「子供は何人いるのが理想か＝二人」[19]などの証言がたくさん出ている。村で電器具の修理屋をやっている劉SZは二人の子供の父親として自分の考えを次のように示した。もし政府が制限しなくても、三番目の子供を生むつもりはない、「支出と負担が増えるからだ、『児女双全』(一男一女)の家庭は普通三番目の子供は欲しくない」と。[20] 現任の婦女主任である張JTも、農民が「みんな二人目を生みたがる。男と女がいれば良い」[21]と語っている。実際の例を見てもその通りである。第2―1表で示したサンプル調査の数字によれば、現在四〇代(一五組)と三〇代(一二組)の中で二人の子供をもつ家庭はそれぞれ七三・三％、五八・三％がある。同時期に欒城県と孟董荘郷との出産状況は、平均値で言うと大体一組夫婦が二人の子供を有するとのことである。[22]したがって、一九八〇年代以降、寺北柴村では二人っ子の観念がすでに支配的になっている、換言すれば四〇代、特に三〇代では二人までという出産認識が強まったという結論を下すことができるだろう。

なぜ村民はどうしても第二子を生みたいのか、その理由について、農民達は「子供一人ではさびしくてかわいそうだ。二人なら心強い[23]」とか「互いに『つれあい』のため生む。一人っ子なら将来四人の老人を負担する[24]」などをあげた。また、「国家の抑制は抑制だが、農村の状況を考慮せざるを得ない。農村経済は良くなく、ここでの習慣でみんな二人を生んでいる。[25]」という。その中で最も主要な理由はやはり男の子がほしいということである。「農村では、人々が少なくとも一人の男の子を欲しがるのが現実だ[26]」と、趙GXのこの一言は鋭く現実を捉えている。

子供出産数の中の男女問題を分析するために、著者は四〇〜二〇代の応答者について子供数とその性別出産順位を整理して第2―2表「寺北柴村における四〇〜二〇代の応答者の子供数とその性別出産順」を作成した。

この表を見ればわかるように、四〇代の一一組、三〇代の六組（一組の子供の性別が不明のため計算に入れず）の二人っ子をもつカップルの中で少なくとも一人の男の子を有するのは、それぞれ九組、五組があり、約八一・八%、八三・三%を占めている。また子供出産の順番について言うと、四〇代と三〇代には男→女の順になるのはそれぞれ二および三組、男→男の順になるのは三および一組、女→男の順になるのは四および一組、女→女の順になるのは二および一組であった。「児女双全」の家庭はそれぞれ五四・五%、六六・七%という半分以上の多数を占めていることから見ても、このような観念が農村では主流的になっていると判断できる。

四〇代と三〇代の二七組の中で、三人以上を生んだカップルが全部で七組あるが、その半分ぐらいは少なくとも一人の男の子を欲しがったのであろう。村民の証言によると、この村では、「前の二人の子供がともに女の子だったら、

第２－２表　寺北柴村における40～20代の応答者の子供数とその性別出産順

年齢層	応答者	性別	年齢	子供数	性別出産順位（年齢）
40代	A	男	43	2	男（20）、女（18）
	B	男	40	2	男、男
	C	男	48	4	男（27）、男（26）、女（24）、男（19）
	D	男	42	2	男（18）、女（11）
	E	女	44	2	男（23）、男
	F	男	43	3	
	G	男	46	2	女（20）、男（17）
	H	男	41	2	女（15）、男（7）
	I	女	44	3	男（20）、男（15）、女（11）
	J	男	43	2	女（18）、男（14）
	K	女	46	2	女（18）、男（13）
	L	女	48	2	女（20）、女（15）
	M	女	47	2	女（18）、女（13）
	N	女	46	3	女（22）、女（20）、男（14）
	O	女	47	2	男（24）、男（21）
30代	P	男	38	2	女、女
	Q	男	36	2	男（13）、女（8）
	R	男	33	2	男（11）、女（9）
	S	女	34	2	男（11）、女（8）
	T	女	37	4	女（12）、女（11）、女（9）、男（7）
	U	男	37	3	女（13）、女（11）、男（10）
	V	男	32	2	女（8）、男（6）
	W	男	31	1	女（8）
	X	女	39	2	男（12）、男（9）
	Y	男	38	3	男（14）、女（12）、女（10）
	Z	男	31	2	
	Aa	男	35	1	男（5）
20代	Bb	男	28	2	男（8）、女（5）
	Cc	男	28	1	男（3）
	Dd	女	24	1	

罰金をもっと取られても仕方ないが、その替わりに（避妊）手術を受けないで、三番目の子を生むのだ」と。[27] 第2—2表の実例を見てもまったくその通りである。N（四六歳）夫婦とU（三七歳）夫婦の子供の出産順番はいずれも、女→女→女→男であって、男の子を欲しがっていたことは解説できる。一九九〇年代の農村では四人の子供を有する三〇代のカップルはきわめて稀少であるが、三七歳のTは四人の子供の母親であって、子供の出産順番は女→女→女→男になっているから、男子が生まれるまで出産を止められなかったのであろう。

(二) 行政措置に対する抵抗から抵抗断念ひいては理解・協力へ

一九八〇年代、計画生育政策が農村に導入された時に、行政側が実際の運用で農民の意向を無視する傾向や二人っ子出産への抑制が厳しすぎるやり方に対して、農民たちは強く抵抗していた。農民から見ると、「生児育女」は古来の「常理」であり、「自分の子供は自分で養うから他人と関係ない」ものである。したがって、計画生育は「農民を困らせるものだ」、「余計なお世話だ」との抵抗感があった。これに対して、行政部門は計画生育の重要性を宣伝し、関係者を説得するとともに、賞罰措置もとっていた。寺北柴村もそうである。奨励措置に関しては、中絶手術を受けた人に対して病院は手術費を免除する以外に、村は二〇元ぐらいの「栄養費」を支給し、また家で休んでも労働点数を記録したということなどがある。[28] 計画生育遂行にあたり、行政部門から村民に負わせた義務は大体三つあって、その第一は、二番目以上の子供を生んだ夫婦は罰金を支払うこと、[29] 第二は、二人以上の子供を生んだ人は避妊手術を受けること、第三は、戸籍登録の申請をする時上記の二点をあらかじめ済ませなければならないことである。[30] 人権の視点からみれば、これらの措置は、出産・非出産の個人の権利に対しての一種の侵害行為であり、非難すべきであるが、当時は強行実施中のためか、村民の姿勢が抵抗から抵抗断念へ、ひいては理解・協力へと転換しつつある傾向が、われわれの調査の過程でうかがえた。たとえば、村民たちは第二番目の子供を生むと罰せられるのが「当たり前」のことと認知している。[31]また、農民が一番恐れることは避妊手術であるといわれているが、調査時、村民は平気で、あるいは、やむ得ない気持ちで受けられるようになった（手術を受けるのは女性の割合が圧倒的に多い）。五三歳の女性の話によると、「手術をするのは誰ものぞまない」が、幹部が先に立って模範を示すから村民としても受けなければならなかったのである。[32]寺北柴村においては、二人目を生んだ女性はすべて避妊手術を受けているという事実が、こうした認識がいきわたっていることを物語っている。[33]党書記郝ＴＳは、一九九〇年代に入ると、村幹部の仕事で最も頭の痛いことは、道路建設であると明言し、最初に挙げた項目は計画生育問題ではなかった。[34]これは別の面から寺北柴村村民の抵抗が弱くなり協力的になりつつある事態の変化を示しているといえるだろう。

（三）一人っ子政策への理解は個人の立場から初めて国の立場へ

前述のように、最初、多くの農民は個人の生育行為を自覚的に人口の資質や経済の発展と結び付けることができず、計画生育の必要性への認識を示さなかった。その後、この政策を理解し協力する姿勢（この姿勢の裏には「あきらめ」や「抵抗断念」のような気持ちも含まれるだろう）がうまれたが、その動機は最初、個人や家庭の利益、つまり経済負担の軽減や生活の改善などを考慮する場合が多かったようであった。このような認識については、子供が生まれると親の「支出と負担が増える」という証言は前にも引用したが、村長の徐ＹＳがさらに明言した。「もし男の子を一人多く望めば、結婚に二〜三万元かかるし、家も建てなければならない。男の子は負担なのだ」と。[35]

農民の心配の種である超過出産に対する罰金は日常生活とも深く関連している。婦女主任の張ＪＴは、農民が罰金を取られると経済的に苦しくなることを次のように語った。三番目の子供を生んだら規律に違反することになるから

「村では厳しく罰するので生活が苦しくなる。びくびく隠れては子供にも悪い」から、「二人目を生んだら、一般的にはもう十分だ。もしも生んだら夫婦両方を罰して、生活水準の二・五倍の罰金が課せられる。子供を養うにも金がかかる」[36]。四人の子供をもっているある農民は、超過出産のため時価で二二〇〇元のバイクを没収された。彼は「子供達が多すぎる。もしそうでなければ、私たちは暮らしやすいだろうに」と振り返った[37]。二人の子供の両親である趙GX夫婦も、著者の「本音をいうと、あなたたちはもう一人の子供が欲しかったたろう」との質問に対して、同様の考え方を包括的に語った。「いや、欲しくなかった。現在、人々の観念はすでに変わった。われわれが考えているのは、『子孫満堂』や『伝宗接代』や『光宗耀祖』などではなく、どうやって自分の生活を改善し、向上するかということだ。」と[38]。

約二〇数年間の計画生育の宣伝（説教兼強制も含まれるだろうが）と実践活動を経て、寺北柴村の村民は、計画生育が家庭の私事にとどまる問題ではなく、国家全体に関わる重要問題であること、また、子供の出産数の多寡や資質の優劣が家庭の利益と幸福に関わるばかりではなく、全社会の利益と民族の前途とかかわるものでもあることに対して、次第に理解を増しつつある。つまり計画生育政策に対する理解は、個人の立場から国家の立場への転換が生じたと考えられる。たとえば、六五歳の李JZは「孫がたくさんいた方が良いと思うか」との問に「よくない」と答え、その理由を次のように語った。「上級が管理しているので、たくさんが良いと言わなくなった。実際にも良くない。たいへんくたびれる。私はこの村で、一〇年幹部をした。上級は、計画生育を行うことを要求している。計画生育をしなくては、中国の人口はきわめて多くなり、現在、大多数の人が、多く子供を持ちたいとは思わない」と[39]。四二歳の郝JCも「確かにわが国の人口は多すぎるので、計画生育を実行するべきだ」と主張している[40]。また、七〇歳の女性は、自分の生涯を振り返ってみた後、当事者の自由意思で結婚することや晩婚や計画生育などが「皆良い点がある」と称賛している。[41] 現職の村長である徐YSが「この村の者たちは国家の計画生育の長所を理解している」というのはこうした認識を指しているのであろう。[42] 国の立場から計画生育を理解している農民は、一九八〇年代の農村ではめったにいなかったが、一九九〇年代には多くないが理解する人もでてきた。このような動きがすでにスタートしたことを無視することができないのであろう。

（四）女の子であっても、第二子まで

「養児防老」（子供を育てて老後の面倒を見てもらう）は、中国農民の基本的生育理念である。したがって、保険や福祉制度のまだ整備されていない中国農村では、農民がどうしても男の子をほしがることは理解できる。一九九〇年代の農村での一人っ子政策の実施は都市のように厳格ではなく、柔軟な運用によって実質的に二人っ子までは許容されているのは既述の通りであるが、それ以上の子供を生むことは政策上許されない。しかし、現実には寺北柴村においてはこういう人が何人もいる事実を蔽い隠すことはできない。一方、第2―2表の数値で計算すると、三人以上の子供を生んだ人は、四〇代と三〇代の中で、それぞれ二六・七％、二五％であり、少数派になっていることを強調したい。

ところで、こうした二人っ子家庭の中で、もっとも強調されるべきことは、「女の子であっても、第二子まで」という理念をもつカップルである。第2―2表を見ればわかるのではあるが、四〇代の中にこうしたカップルが二組あり、三〇代の中に一組あり、女の子一人だけをもつカップルも一組ある。村民の証言によると、「何人生まれても男の子でなければやはり何とかして男の子を生む」、すなわち「男の子が家をつがねばならない」という伝統思想が計画生育執行上の最大の障害になっていることは、みんなわかっているから、[43] 人々の考え方はだんだんと変わっている。

当時、老人は男の孫をほしがるのであるが、「若い人は女の子でもいいと思っている」[44]。六二歳の董ＤＪは村の最大の問題はやはり「生男生女」の問題かとの質疑に対して、「現在は変わってきている、人によっては女の子をほしがる。一様でない」と答えて老人の考え方の変化も示した[45]。かつて婦女主任を勤めていた一人の女性幹部は十数年間にわたって計画生育の遂行に力を入れた。彼女自身は男の子供がいないにもかかわらず、二番目の女の子を生んだ後避妊手術を受けた。「二人とも女の子だが、将来のことは何か考えているか」の問いに、彼女は「娘たちは皆保険に入っており、五九～六〇歳になれば受け取ることができる」と冷静に答えた[46]。

農村の女子小学生　1995年夏　著者撮影

第四節　国家の政策に翻弄される農民

上記の通り、かつて満鉄調査対象の村落であった寺北柴村村民の生育観の変化を例にして中国農村、特に華北農村における計画生育の実態を過去と比較しながら考察してきた。従来、計画生育実施上の困難の原因は伝統的な思想、慣習によるとされることが多かったが、中国農村社会の現状や農民の現実問題などを考慮すると、それはすべて伝統のせいにすべきものではなく、むしろ社会福祉事業の欠如によるものであると考えられる。農村において一人っ子政策の規制を超えて、第二子まで、ひいては三～四人の子供まで生むことの最大の思想的背景は、農民たちが老後の生活を考えるとやはり男の子がいなければいけないという考え方であった。このような考え方は既述の証言の他に、アンケート調査にもはっきり反映されている。一九九五年九月、末次玲子は寺北柴村の二〇代～七〇代の既婚女性三七名に対して「女性の生活と意識」についてアンケート調査を行った。「老後保障」についての調査では、回答者のほぼ全員が主として「息子に頼る」か「息子と娘に頼る」を選択したのに対して、「娘に頼る」と「国家に頼る」を選んだ人は一人もいなかった[47]。農民の立場からみれば、自分の老後の生活を「国家に頼らない」のではなく、頼りにならないということであろう。したがって、計画生育事業を完遂し、人口増加を完全にコントロールするためにも、単なる行政命令の執行や強制的賞罰手段の行使などばかりではなく、政府として広大な農村地区での社会福祉制度や福祉事業を優先的に整備しなければならないのではなかろうか。欒城県ではこの方向への発展を少しずつ遂げていっている。

一九八五年、欒城県は管轄している各郷・鎮に「敬老院」を続々と設立して、身寄りのない老人を各村の財政的負担で扶養し始めた。寺北柴村の村民である徐ST夫婦（七一～七二歳）が、一九九四年の時点で孟董荘郷の養老院で元気に生活していることはその事例である[48]。

一九九〇年から、欒城県「計画生育協会」は「平安保険」と「養老保険」を設けた。前者は「一人っ子しか子供のいない夫婦」に対する保険であり、後者は「二人の子供がともに女の子であり、かつ避妊手術を受けた夫婦」に対する保険である。欒城県の統計によると、一九九二年末までにこれらの保険に入った人はすでに一八六〇人にのぼったという[49]。寺北柴村の女性幹部が前に述べた保険は恐らく「養老保険」であろう。

一九九五年の時点で、寺北柴村は一九四〇年代の「貧村」から脱皮しようとしていたころであり、村民の生活も周りの諸村落と比べて相対的に貧しかった。こうした村においては、福祉事業の整備は急を要する問題であるが、雨が降ればぬかるんで通行不能となる村内の道路・交通事情も改善しなければならないし、老朽化した小学校の建て替えもしなければならない[50]。これらの目標を達成するためにはいずれも膨大な資金が必要となっており、村の経済をまず発展させ、安定した経済の基盤を作らなければならない。こうした状況のなか、寺北柴村のリーダーたちならびに村民にとってはいかにしてみんなの知恵と才能を集め、それを充分に発揮させ、村の経済を発展させるのかが焦眉の問題であった。

しかし一方、寺北柴村には伝統的な父権主義の意識が根強く残り、改革政策によって家庭単位の経営がますます活性化している。村民や村の幹部にとっては、開放すればするほど、経済上の個人主義的意識が強くなり、つまり彼等は個人が有能でさえあれば個別に富が得られると信じて、集団で事業を起こすのではなく、個人でやる意欲が強くなりつつある。このような「個人主義」の傾向が強くなればなるほど、公益的な事業や大衆奉仕に身を投じる人が少なくなる。こうしてせっかくスタートした福祉事業の整備なども、中断される恐れがある。したがって、寺北柴村のリーダーたちにとっては、いかにして村民を団結させ、どの程度に私心を抑えて「共同富裕」の目標に尽力できるかというのが、村の前途に関わる重要な問題であるといえよう。

また、マクロ的な視点から見れば、中国の計画生育を論じる場合は、民主主義の問題や性と生殖のための良好な健康状態作りの問題を避けては語れない。いったい、計画生育政策の設定にあたって国や地方の行政部門は庶民の意見をどれだけ聞いたのか、この政策の施行にあたってどれだけ人権を重んじ、納得を得るための努力を行っているか、現実には女性のみが避妊手術をうけているが、家庭における男女平等の問題をどう解決するか、女性の健康の面においても中央政府から村の村民委員会までどれだけ公的努力が払われているのか等々は、いうまでもなく、どのレベルの行政にとっても重大な問題であろう。これらのハイレベルの問題に対して寺北柴村ではまだ独自の対応は見られず上級機関あるいは国全体の政策や指導を待っている状態にある。以上の多くの問題の解決は依然として将来に委ねられているといわねばならない。

二〇一五年、少子老齢化社会になりつつある中国は一人っ子政策を中止し、一人っ子である男性または女性が結婚した場合は二人目の出産を認めることにした。その後、出産に関する規制はさらに緩和され、誰でも二人目の子供の出産が認められた。二〇一九年、一人っ子政策は全面的に撤廃された。今まで忠実に国家の国策にしたがい子供を一人しか生んでいなかった多くの人々はどのような思いでこの政策の激変を見ているだろうか?

●注

(1) 計画生育に関する基本文献と概況については、若林敬子編・杉山太郎監訳『ドキュメント 中国の人口管理』(亜紀書房、一九九二年)参照。また、それがもたらした深刻な事態については莫邦富『独生子女――爆発する中国人口最新レポート』(河出書房新社、一九九二年)、メイ・フォン著、小谷まさ代訳『中国「絶望」家族 ――「一人っ子政策」は中国をどう変えたか』(草思社、二〇一七年)が生々しく伝えている。

(2) 東京の「中国農村慣行調査研究会」には、リンダ・グローブ、浜口允子、末次玲子、笠原十九司、内山雅生、中生勝美、佐藤宏、三谷孝らが属しており、一九七六年以来長期にわたって華北農村社会について検討を重ねてきた。一九八〇年代の参観的な現地調査を経て、一九九〇年から数年間にわたって『中国農村慣行調査』の調査村(満鉄調査村)の再調査を行っていた。その間、寺北柴村の他に沙井村・呉店村・後夏寨村および馮家村で再調査を実施した。寺北柴村での現地調査には、小田則子、張思、李恩民の三名が研究協力者として参加した。これらの村落での再調査報告書の一部は既に刊行されている。例えば、三谷孝編『農民が語る中国現代史――華北農村調査の記録――』(一九九三年、内山書店、全二九五頁)、三谷孝編『中国農村変革と家族・村落・国家――華北農村調査の記録――』(一九九九年、汲古書院、全九五四頁)、三谷孝編『中国農村変革と家族・村落・国家――華北農村調査の記録――』(第二巻、二〇〇〇年、汲古書院、全七六四頁)、三谷孝編『中国内陸地域における農村

変革の歴史的研究』（二〇〇八年七月、科学研究費補助金（基盤研究（B））（海外学術調査）研究成果報告書　A4判　全二一六頁）、魏宏運・三谷孝編『二十世紀華北農村調査記録』（第一～三巻、二〇一二年、社会科学文献出版社・北京、全二九五三頁）。

（3）安藤鎮正「河北省欒城県寺北柴村の概況」、中国農村慣行調査刊行会編『中国農村慣行調査』第三巻、六頁、岩波書店、一九五五年。

（4）解放以来寺北柴村の人口に関する統計資料はあまりなかったが、調査者のインタビューによって若干の手がかりが得られた。ここで下記の「寺北柴村人口推移表」を作成して参考に供したい。

統計年	戸数	人口	話し手	聞き手	調査年月	資料出典
一九四二	一四〇	七一〇		安藤鎮正	一九四二・一	A
一九八三	二七〇	一二四二		辻田順一	一九八三・一一	B
一九八四	二七八	一二五六	徐MX	小林弘二	一九八四・一一	C
一九八八	三〇三	一二九〇	郝TS等	三谷孝	一九八八・五	D
一九九三	三五六	一四〇六	欒城県		一九九三・一二	E
一九九四	三五二	一四〇九	郝YZ	三谷孝等	一九九四・一二	F

（出典）A）安藤鎮正「河北省欒城県寺北柴村の概況」、前掲『中国農村慣行調査』第三巻、五頁。B）石田浩「『中国農村慣行調査』研究と欒城県寺北柴生産大隊の訪問」（『東方』第三六号、一九八四年三月）。C）小林弘二「中国農村見聞記――『慣行調査』の村はどう変わったか――」（『アジア経済』第二六巻第四号、一九八五年四月）。D）三谷孝『中国農村参観の記録（一九八八年四月～六月）』（一九九〇年五月製本、私家版）（同記録の主要部分はのちに「調査村参観記」として三谷孝編『中国農村変革と家族・村落・国家――華北農村調査の記録――』第二巻に収録、二〇〇〇年、汲古書院）。E）河北省欒城県地方誌編纂委員会編『欒城県誌』（新華出版社、一九九五年）一三七頁。F）一九九四年一二月二四日寺北柴村党支部書記郝YZの発言による（欒城県招待所会議室にて）。

（5）八〇代の子供出産数は平均で四・七人を算出したが、サンプル調査の数は三組しかいなかったので、この数字が正確ではないと判断できる。ところが、彼等の出産年代は大体満鉄調査の時代にあたるため、ここでそれを根拠に平均三人とした。また、二〇代の新婚カップルは今後子供を生む可能性がまだあるから、ここでは三〇代までについて分析しておく。

（6）当代中国叢書編輯委員会『当代中国的計劃生育事業』六頁、当代中国出版社、一九九二年。

（7）前掲『欒城県誌』二三二、二五〇頁。一九五〇年、獲鹿県の二八村落は欒城県に合併された。ここにいう激増した人口はこの二八村落の村民も含まれている。
（8）前掲『当代中国的計劃生育事業』一二頁。
（9）前掲『欒城県誌』二五〇頁。
（10）三谷孝調査記録、一九九四年一二月一八日午前、寺北柴村にて。三谷孝編『中国農村変革と家族・村落・国家――華北農村調査の記録――』（一九九九年、汲古書院）、七六頁。
（11）浜口允子調査記録、一九九五年九月九日午後、寺北柴村にて。前掲『中国農村変革と家族・村落・国家――華北農村調査の記録――』三三二頁。
（12）浜口允子調査記録、一九九五年九月八日午後、寺北柴村にて。前掲『中国農村変革と家族・村落・国家――華北農村調査の記録――』三二六頁。
（13）魏宏運、浜口允子調査記録、一九九五年九月九日午前、寺北柴村にて。前掲『中国農村変革と家族・村落・国家――華北農村調査の記録――』三二七頁。
（14）浜口允子調査記録、一九九五年二月二二日午後、寺北柴村にて。前掲『中国農村変革と家族・村落・国家――華北農村調査の記録――』一九八頁。
（15）リンダ・グローブ、張利民調査記録、一九九五年二月二〇日午前、寺北柴村にて。前掲『中国農村変革と家族・村落・国家――華北農村調査の記録――』二三二頁。
（16）同上。
（17）末次玲子、小田則子調査記録、一九九五年九月一二日午後、寺北柴村にて。前掲『中国農村変革と家族・村落・国家――華北農村調査の記録――』五〇一頁。

(18) 浜口允子調査記録、一九九五年二月二三日午後、寺北柴村にて。前掲『中国農村変革と家族・村落・国家――華北農村調査の記録――』二〇四頁。

(19) 末次玲子調査記録、一九九五年九月一〇日午後、寺北柴村にて。前掲『中国農村変革と家族・村落・国家――華北農村調査の記録――』四九六頁。

(20) 張思調査記録、一九九四年一二月二四日午後、寺北柴村にて。前掲『中国農村変革と家族・村落・国家――華北農村調査の記録――』一三〇頁。

(21) リンダ・グローブ、張利民調査記録、一九九五年二月二一日午前、寺北柴村にて。前掲『中国農村変革と家族・村落・国家――華北農村調査の記録――』二二六頁。

(22) 前掲『欒城県誌』(二三二～二三三頁) の数値による算出。たとえば一九九三年欒城県は八万五七四五戸・三四万二九九四人があり、孟董荘郷は四四二七戸・一万七七七九人がある。

(23) 末次玲子調査記録、一九九五年九月一三日午前、寺北柴村にて。前掲『中国農村変革と家族・村落・国家――華北農村調査の記録――』五〇三頁。

(24) 張思調査記録、一九九四年一二月二四日午後、寺北柴村にて。前掲『中国農村変革と家族・村落・国家――華北農村調査の記録――』一三〇頁。

(25) リンダ・グローブ、張利民調査記録、一九九五年二月二一日午前、寺北柴村にて。前掲『中国農村変革と家族・村落・国家――華北農村調査の記録――』二二六頁。

(26) 李恩民調査記録、一九九五年九月一〇日午後、寺北柴村にて。前掲『中国農村変革と家族・村落・国家――華北農村調査の記録――』五四一頁。

(27) 同上。
(28) 小田則子調査記録、一九九五年九月九日午後、寺北柴村にて。前掲『中国農村変革と家族・村落・国家――華北農村調査の記録――』五一七頁。
(29) 罰金の金額についていろいろな説があり、また毎年違っているが、基本的には二番目の子供の罰金は六〇〇元で、三番目の罰金は倍になるという(浜口允子調査記録、一九九五年二月二二日午後、寺北柴村にて。前掲『中国農村変革と家族・村落・国家――華北農村調査の記録――』一九八頁)。
(30) 農民の証言によると、二番目の子供の戸籍を申請する場合は、「必ず避妊手術をして罰金を払って、手続きがすんでから戸口を申請する」ことになっている(リンダ・グローブ、張利民調査記録、一九九五年二月二一日午前、寺北柴村にて、前掲『中国農村変革と家族・村落・国家――華北農村調査の記録――』二二六頁)。また、罰金と手術のどちらかを免除される可能性について、次のような調査記録がある。「もし結紮の手術を受ければ、罰せられなくなるだろうか＝無理だ、罰金を取られてから、手術を受けるんだ」「もし罰金を支払って手術を受けないとすれば、どうなるのか＝それは駄目だ、更に、倍以上のお金を罰されるのだ」(李恩民調査記録、一九九五年九月一〇日午後、寺北柴村にて、前掲『中国農村変革と家族・村落・国家――華北農村調査の記録――』五四〇頁)。
(31) 李恩民調査記録、一九九五年九月一〇日午後、寺北柴村にて。前掲『中国農村変革と家族・村落・国家――華北農村調査の記録――』五四〇頁。
(32) 末次玲子調査記録、一九九五年九月九日午後、寺北柴村にて。前掲『中国農村変革と家族・村落・国家――華北農村調査の記録――』四九三頁。
(33) リンダ・グローブ、張利民調査記録、一九九五年二月二一日午前、寺北柴村にて。前掲『中国農村変革と家族・村落・国家

――華北農村調査の記録――』二二六頁。
(34)浜口允子調査記録、一九九五年二月二二日午後、寺北柴村にて。前掲『中国農村変革と家族・村落・国家――華北農村調査の記録――』一九七～一九八頁。
(35)リンダ・グローブ、張利民調査記録、一九九五年二月二二日午後、寺北柴村にて。前掲『中国農村変革と家族・村落・国家――華北農村調査の記録――』二三六頁。
(36)リンダ・グローブ、張利民調査記録、一九九五年二月二一日午前、寺北柴村にて。前掲『中国農村変革と家族・村落・国家――華北農村調査の記録――』二二六頁。
(37)リンダ・グローブ、張利民調査記録、一九九五年九月七日午後、寺北柴村にて。前掲『中国農村変革と家族・村落・国家――華北農村調査の記録――』三四五頁。
(38)李恩民調査記録、一九九五年九月一〇日午後、寺北柴村にて。前掲『中国農村変革と家族・村落・国家――華北農村調査の記録――』五四〇～五四一頁。
(39)小田則子調査記録、一九九五年九月七日午後、寺北柴村にて。前掲『中国農村変革と家族・村落・国家――華北農村調査の記録――』五〇四頁。
(40)李恩民調査記録、一九九四年一二月二七日午前、寺北柴村にて。前掲『中国農村変革と家族・村落・国家――華北農村調査の記録――』一五九～一六〇頁。
(41)末次玲子調査記録、一九九五年九月八日午後、寺北柴村にて。前掲『中国農村変革と家族・村落・国家――華北農村調査の記録――』四八六頁。
(42)リンダ・グローブ、張利民調査記録、一九九五年二月二二日午後、寺北柴村にて。前掲『中国農村変革と家族・村落・国家

――華北農村調査の記録――』二三六頁。
(43) 末次玲子調査記録、一九九五年九月九日午後、寺北柴村にて。前掲『中国農村変革と家族・村落・国家――華北農村調査の記録――』四九二頁。
(44) 末次玲子調査記録、一九九五年九月七日午後、寺北柴村にて。前掲『中国農村変革と家族・村落・国家――華北農村調査の記録――』四八四頁。
(45) 同上。
(46) 末次玲子調査記録、一九九五年九月一一日午後、寺北柴村にて。前掲『中国農村変革と家族・村落・国家――華北農村調査の記録――』五〇〇頁。
(47)「女性の生活と意識についてのアンケート調査」、一九九五年九月。前掲『中国農村変革と家族・村落・国家――華北農村調査の記録――』八九六頁。
(48) 寺北柴村村長徐YSの話による(李恩民調査記録、一九九四年一二月二五日午前、寺北柴村にて)。前掲『中国農村変革と家族・村落・国家――華北農村調査の記録――』一五二頁。
(49) 前掲『欒城県誌』二四九頁。
(50) 浜口允子「政治」。前掲『中国農村変革と家族・村落・国家――華北農村調査の記録――』一四頁。

第三章　農民の健康：医者と医療

【調査手記】

●社会保険制度がゼロからスタートしたばかりの中国農村では、重い病に罹ると、家計が崩壊、貧困者になる。農民にとっては、病気は一番恐ろしい出来事である。

●「有銭治病、没銭丟命」（お金があれば病を治すが、なければ命を捨てるしかない）。「脱貧三五年、一病回従前」（貧困から脱出してわずか数年、一旦罹患するとすぐ逆戻り）。流行り謡は嘆き暮らす農民の気持ちの表れである。

●改革開放前に農村の医者の殆どは無資格者（自学自習か家庭医術の継承か）。現在の医者の大部分は医学専門学校出身者、医学大学出身者はいない。

●「エイズの村」の出現、ＳＡＲＳの蔓延、農村でも公共衛生事件応急体制の構築が必要となった。

第一節　農村医療制度の変遷

農村の医療体制は中国社会インフラ整備のなかで最も立ち遅れた分野である。重い病気にかかった農民は経済的な理由で治療を断念し、自宅で最期を迎えざるを得ないことはよくある。本章は、現代中国農村で重要な役割をはたしている医者の活動と医療衛生制度の整備に注目し、華北農村（北京市近郊・天津市近郊・山西省・山東省・河北省・

河南省）における「裸足の医者」「郷村医者」の養成・活動をケース・スタディーとし、農民の医療衛生生活、農村でよく見られる病気・生活習慣病、病人の神・巫医への信仰等の側面から中国農民生活の内実を考察する。

農村医療は農民の生命の安全を保障し、農民の基本的生活を向上させる基礎である。二一世紀に入ってから、医療衛生の問題は既に単なる健康の問題にとどまらず、人間の生活の質をはかる基準の一つにもなっている。なぜならば、人々の健康は社会環境（自然・衛生環境）、生活への満足度、婚姻家庭・人間関係とも密接しているからである。しかし、中国の農村では、経済改革が四〇年以上行われたにもかかわらず、多数の農民に適した医療保険制度は未だ整備されておらず、農民はいったん大病になったら、医療費はすべて自己負担しなければならない。おおよそ一万元以上の医療費がかかってしまったら、その家庭の経済の回復には五年もの歳月を要する。(1) したがって、われわれが華北農村で聞き取り調査をしている時、農民に一番恐れていることについて尋ねたところ、その回答の大部は大病であるという。「有銭治病、没銭丟命」、すなわちお金があれば病を治すが、お金がなければ命を捨てるしかない、というのが農村の現状であった。

私設の医療システムをもっている中国農村で調査をしている時、生活が困難のため、あるいは医療費を支払う能力がないため、約四割の農民は病院に行くべきだが行かず、約六割の農民が入院すべきだが入院できなかった、との話を農民からよく聞いた。約半分の農民は病院に寄らず自分の判断で、薬局で非処方の薬を買って病気を治す方法を取っていた。医療保険制度なき農村の現状は、地域経済の発展を阻害し、貧困を招く一因であると共に、農民の社会に対する不満爆発の火薬庫でもある。農民の不満を解消するため、また中国農村の真の持続的発展のためには、深刻化しつつある農村医療の問題点に焦点を当てる時が既に来ていると言っても過言ではない。

一九四〇年代、日中戦争および国共内戦時に、中国農村は基本的な医療制度がなく、個人経営たる医者が農民の面倒を見ていた。また、出産の面倒を見ている「接生婆」も特に資格がいらなかった。不治の病にかかった者は大体現地信仰の神やキリスト教等の宗教に救いを求めていた。一九四八年、世界保健機関（WHO）が成立すると、すぐ医療衛生の国際交流の促進、"Health for all, All for health"のスローガンを打ち出した。しかし、内戦状態下に置かれていた中華民国政府は何の対策も取れなかった。

中華人民共和国が樹立した後、新政府は農村地域において、先端医療技術よりも比較的低いコストで効率の良い基本的医療をすべての農民に届くようにするとの理念を持って、農村合作医療制度の創設を試みた。[2] 同制度は山西省高平県米山郷農業生産合作社共同保健ステーションの設立等から始まり、一九五五〜一九五八年の農業合作化の流れに乗って、全国の合作医療普及率は一〇％になった。一九五八年人民公社の勃興により、合作医療は最初のピークを迎え、一九六二年まで普及率は五〇％に達した。[3] これは第一の合作医療ブームであった。

一九六〇年代以降、合作医療の発展スピードはさらに加速した。一九六五年六月二六日、毛沢東は「医療衛生活動の重点を農村に置け」（「六・二六講話」）と呼びかけた。翌一九六六年八月、湖北省長陽トゥチャ族自治県楽園公社杜家村衛生室が農村合作医療試行所として正式に設立され、村唯一の医者譚祥官も着任した。[4] 一九六八年九月、中国共産党機関紙『紅旗』と『人民日報』は同時に上海川沙県江鎮公社における農村医者養成の経験を紹介し、「裸足の医者」（赤脚医生）の名称を誕生させた。[5] 同年一二月、毛沢東は楽園公社の医療経験を推し進めるようと指示した。[6] そこで文化大革命の嵐のなかで、全国で第二の合作医療ブームが起こった。一九七〇年代まで、農村合作医療の普及率は九〇％、村→郷→県といった三級の医療体制も作り上げた。各村にはいわゆる「裸足の医者」が少なくとも一人配置されていた。

当時の医療制度について、北京近郊の農民は次のように証言している。「医療費は一部分大隊が負担する。合作医療というものがあり、三分の一が支払われる。年度末には一人一元の医療費が差し引かれ、これが合作医療費となる。お金が少ないときは一人につき五角が差し引かれ、合作医療組織に加入すると病気になったときは薬代の三分の一をそこから引き落とすことができる。」「当時は病院に治療を受けに行く人はとても少なかった。村には合作医療があり、医者もいて、ちょっとした病気なら皆村で直すことができた。重い病気で入院するのを除いて、普通の病気ならば村の外に出る必要はない。当時は病気になる人も少なかった。みな畑で仕事をして、特別に身体が丈夫で病気にならなかった」と(7)。

当時、お金がなく病院に行けない農民は殆どいなかった。このような医療制度は政府主導のもとで政治の力ででき上がった福祉的なものであった。一九八〇年代になると、この中国型合作医療制度は成功例として世界的に紹介された。WHOはそれを「発展途上国において衛生経費問題を解決できる唯一のモデル」とし、積極的に世界各地の発展途上国に推薦した。

ところが、その直後、このモデル自体が発祥の地の中国で存亡の危機を迎えた。一九八〇年代初期、中国農村の集団経済体制が解体され、家庭単位の請負制度が実施された。農村合作医療制度の経済的基礎を失った結果、一九八五年全国の合作医療制度の加入率はわずか五・四%であった。一九八九年になると、かつては九〇%であった加入率が四・八%まで下落し、中国の合作医療制度が事実上崩壊し、数億の農民は窮地に立たされた。その頃、中国政府は「二〇〇〇年にはすべての人々は初級的衛生保健を享有する」というWHOの戦略目標の実現を承諾し、医療改革を行っていたが、その重心を大都会に置いたため、農村の医療改革は放棄されたままであった。こうして農村では、医療品の膨張、医薬品管理の混乱、偽薬の横行等問題が頻繁に発生し農民の不信・不満が一層高まった。「幹部吃好薬、百姓吃草薬」(病気の時、共産党の幹部は良い薬を飲むが、われわれ百姓は安い漢方薬しか飲めない）という流行り謡が広く伝わり、人気を博した。資金、健康教育、農村衛生環境、安全な水、衛生的なトイレ、新生児死亡率、妊産婦死亡率等の数値から総合的に見て、中国農村ではＷＨＯの掲げた二〇〇〇年の目標は現在になっても未だに実現されていないと言える。(8)

このような状況を解消するため、二〇〇三年七月、中国政府は農村医療衛生の重要性を訴え、行政管理を厳格化した。例えば、二〇〇五年までに農村医者のうち助理医師の資格を有しない者には医を業とすることは許可しないと規定した。しかし現状としては、農村の大部分の医者は処方権がないが、農民たちは彼らを必要としている。

余談であるが、一九九〇年代初期、中国はアメリカのランドコーポレーション（RAND Corporation、蘭徳公司）や世界銀行の援助を得て、一部の農村で合作医療制度を再建しようとしたが、功を奏することができなかった。同時期に、各宗教慈善団体も農村医療への参入を試みたが、その効果はまだ見えてこない。一九八九年以降、キリスト系の南京愛徳基金会（the Amity Foundation）は貧困地域の医療関係者を養成するため、貴州、内モンゴル、青海、寧夏、甘粛、四川、雲南、広西、海南などで郷村医療人特訓プロジェクトを開始したが、修了者の大部分は都会に進出、農村で医療に従事する人は極めて少なかった。

第二節　農村医者の養成と医療活動

一九六〇年代末から一九八〇年代半ばまでの中国農村では、医を業とする者、あるいは医を兼業できる人は「裸足の医者」と呼ばれていた。これは農村を離れず農業も兼業しなければならない農村のお医者さんへの愛称である。裸足の医者は日本風に言うと、農村で働く衛生士のような役割を果す存在で、簡単な治療、施薬、衛生教育、予防接種、感染症のコントロール、母子保健等を受け持っていた。前にも述べたように、一九八〇年代以降、農村合作医療制度の崩壊とともに、農村改革による市場経済的な農業生産収入への魅力から、「裸足の医者」の多くがフルタイムの農業生産活動に転じ、ごく少数の人はかかった医療費を患者に直接請求する診療所（プライベートクリニックのようなもの）を開設するようになった。その結果、従来機能していた医療保健システムは崩壊し、「裸足の医者」という言葉も基本的に使わなくなった。却って農村で医を兼業・専念する人は「郷村医者」と呼ばれ、現在に至っている。(9)「裸足の医者」と「郷村医者」は本質的には違いがないため、本章は彼らのことを「農村医者」と総称する。以下は農村医者の養成と活動を通して、中国農村医療の実態に迫っていく。

（一）農村医者への道

日本では偏差値の高い学生でなければ医療系の大学には入れず、優秀な学生だけが医学を学ぶというイメージが定着している。しかし中国の農村では、「医学」を学ぶことはそれほど難しくなく、短期でもマスターできるし、しかも医者は村では尊敬される。もちろん、農民の言う「医学」とは家庭常備薬でも治せるような医術であるが、それでも、このような心理的働きが医学者養成の速成を助長した。

現代中国の農村医者は人数的には不足している。しかも速成方法で養成された者が多かった。一番多かった事例は、中学校・高校を卒業して初めて医学を数か月間学び、または病院の研修所に入り、医療技術を数か月間学んですぐ「医者」になった人々である。いわば、正規の学歴のない人が殆どである。

一九九四年一二月、一九九五年九月、一九九九年九月、われわれは河北省欒城県寺北柴村で医療制度の実地調査した。この村では、三人の医者が年間を通して、三五〇世帯、一四〇〇人の健康を守っている。著者はその時、一人の

河北省欒城県の農村診療所の医者　1995年9月　筆者撮影

若手医者と出会い、長時間にわたりインタビューした。インタビューの間に、何人かの患者が訪れてきたため、診療の様子もうかがうことができた。以下では彼の医者への道のりを辿ってみよう。

彼は郝SSといい、一九五八年生まれ、三〇代。一九七六年高校卒業した頃、河北省唐山大地震が発生した。彼は震災救援の「民工」として派遣され、現地でパトロールの仕事をやらされた。一か月後、彼は村に戻り、村事務室で「通訊員」として五、六か月間勤め、新聞・郵便物・公文書などの受け取りと配付をしていた。翌一九七七年、医学を学んだことはなかったが、欒城県病院へ派遣され、講義を受けるとともに実習するというかたちで一年間勉強した。その間、彼は内科、外科、小児科、婦人科などの知識を浅く広く学び、各科で一、二か月の実習もしていた。この学習で彼は一生、医者をやるという基礎を固めた。彼自身は最初は高校卒業したばかりだったので、医学についてまったくわからなかった。その時の学習を通じて、かなりの専門知識を習得し、医学の道に入ったとは言える。ただし、「医学とは主に実践によるものだから、実践の過程で知識を把握することが大切だ」と著者に語った。県の病院での勉強が終わって彼はすぐ村に戻り、医者が二人だけいる村衛生所で、一九九四年六月の単独開業まで約二〇年間農村医者をしていた[10]。

天津市近郊の静海県馮家村の医者、張BSのケースも同じである。一九九一年八月、聞き取り調査を受けた時、彼は副村長をしながら農村医者を兼任していた。調査記録によると、彼は一九五五年生まれ、一九七四年に郷の農業高校を卒業した後、村に戻って農作業に従事するかたわら、農村医者を目指した。当時、同村では高校を卒業した者は極めて少なく、彼を入れてわずか三人であったが、他の二人は大学に進学したため、村に戻ったのは彼だけだった。そのため、彼は学力の要る医者の卵として選ばれた。彼は医学の基本を習得するため、王口郷衛生院で四か月間学び、一九七六年に天津第二センター病院で一年間の研修を経験した。帰村後、保健衛生員として村民の日常的な病気やけがの治療などを担当している[11]。

農村医者の学歴を見ると、一番の高学歴者といわれる人は大体、医療系専門学校を卒業して農村で開業した人々である。二〇〇六年一二月と二〇〇七年八月、われわれは山西省臨汾市の近郊農村・高河店村で歴史調査を実施した。約三〇〇余りの世帯で、一六〇〇～一七〇〇人を擁する同村では二人の医者が常駐して二つの診療所を営んでいる。以下は医歴の長い方の一人の生い立ちを紹介する。茹HH、一九四八年生まれ、五〇代。中学校卒業二年後、晋南衛生学校に進学、一九六八年卒業。地方政府が新卒の彼に仕事を用意するはずであったが、文化大革命の最中のため、役所の文化教育衛生担当室が手配してくれなかった。仕方がなく彼は村に戻り、衛生院で「裸足の医者」という身分から医業を始め、それ以来、約四〇年が経った。一九九三年、彼は医師資格を取得して屯里衛生院で医者をしていたが、その後は退職して帰村し農村医者としての活動を再開した[12]。

上記の通り指名されて医者になった人や衛生学校を卒業して医者になった人が主であるが、家庭の伝統・家系の環境を受けて医者の道を選んだ人も少なくなかった。例えば、山東省平原県のある村に李HTという名医がいたが、彼

山西省臨汾市近郊農村の医者
2007年8月　著者撮影

は先祖代々医者で、普通の病気なら何でも診察することができた。彼の息子も後に医学の道を進み、県の病院で二年間実習し、村の保健衛生員となった。[13]北京近郊の沙井村には楊ＣＷ一族があり、楊ＰＳが一九四〇年代から医者をしていて、当該地域で「注射を打てる唯一の医者だった」。昔は医者が少なかったため、彼は高い地位についたと村人に好評されている。彼の息子や娘もまた父の業を継いで医学の道に進み、医者になっている。[14]山東省平原県前夏寨村では、魏ＱＣという医者がいた。彼は恩城初等師範学校卒業後、色々な村で小学校教師などを歴任した後、医者である兄の所で医術を学んでさらに独学して一九六三年から一九八〇年まで村の保健衛生員をしていた。[15]

(二)　農村診療所の特徴

速成養成された医者の大部分は、農村で個人経営の診療所をもっている。前に紹介した河北省寺北柴村における個人診療所の開業状況を見てみよう。

一九九四年、郝ＳＳを含む寺北柴村衛生所で仕事している人びとは、衛生所の資産を均等に分け、「寺北柴村衛生所」という共通の看板のもとで、[16]それぞれ単独で診療所を経営し始めた。開業時、郝氏は一万元かけて診療所を建て、衛生所から分け与えられたもの以外、また一万元ぐらいを投入して医療機械や薬品を購入した。単独開業者は、定期的に石家荘市が一元的に主催している資格試験を受けなければならなかったが、彼は合格している。彼は「私は暇な時に、いつも読書している。現在、新しい病気が絶えず出て来ている。ある時はこの難病の克服はできたが、新たな難病がまた発生した。あ

華北農村の簡易診療所
2007年8月　著者撮影

る問題は、外国でも解決できない。われわれは難病の治療はできないが、僅かでも知っていることは必要だ。だから、読書しなくては駄目だ」と温故知新の重要性を著者に語った[17]。

診療所を経営している農村医者は以下の特徴を有している。

(A)専業の医者が殆どなく兼業者が多い　彼らの身分は農民である。農民である以上、農繁期には農作業を兼業しなければ生活はできない。一部の人は病気治療をしていたため人望が厚く農村の幹部まで選任された。一九九一年八月、馮家村の張BSは、専念している医者として月に五〇～六〇元の収入を得ているが、副村長としての収入は約一五〇元で、兼業の方の収入が高い[18]。一九九四年一二月、われわれが寺北柴村を訪問した時、衛生所の劉SJ医者も副書記を兼任していた[19]。

(B)設備はシンプルであるが、農民の信頼は厚い　現在の農村では、一つの村には二、三名の医者がおり、それぞれ診療所を営むケースが多い。診療所の医療設備を見ると、常備されているのは止血、体温計、聴診器、救急箱ぐらいで、あとは風邪薬、鎮痛剤、下痢止め、止血綿、ピンセットなどである。薬としては西洋薬の方が多いが、漢方薬も置いてある。個人の財力では、設備と言えるほどの医療機器は殆ど置かれていないのが現状である。

都会の医者に比べて農村医者の特徴は、彼らが全科診療の医者であって専門医ではない。彼らはどのような科目も少し知り、どのような科目も深く理解していないのである。医学の視点から見れば、彼らの技術は高くなく、すべての病気を専門的に対処することはできない。しかし、現実のなかで彼らは農民にとっては欠かせない存在である。なぜならば、農村では一番欠けているのは物知りで庶民的な医者であるからである。

医者が絶対的に不足している農村では、医療設備、医療技術よりその医者の人間性・信頼性が最も重要視される。人情に溢れる農民が求めている医者の理想像は、良い腕前ではなく、「随叫随到」すなわちいつ呼んでも応急診療してくれるサービス精神であるからである。農村医者は大体地域の住民に尊敬され、人望のある紳士的な存在であると言えよう。[20]

（C）サービス優先と経営難　農村医者は医者・看護師・薬剤師の仕事をすべて兼任し、一人で遂行する。彼らは診療所をもっていても、政府からは僅かな補助金もなければ、給料の支払いもまったくない。農村医者は主に付近の県城から薬品を仕入れ、一五％前後の付加価値で処方して農民に売るという方法をもって稼ぎ、生活を維持している。

市場経済の浸透により、農村の診療所も競争原理で動いている。農村医者は多くの患者が来てくれれば収益も上がると考え、良いサービスを提供している。往診費を例に言うと、政府の規定によれば、昼間の往診費は四角で、夜間は倍にする。しかし農村医者は基本的に徴収しないことにしている。また、小さい傷を包帯で包むなどは殆ど費用を取らない。ひどい外傷に包帯をしても基本料金だけで済む。

農村医者の殆どは診療所で寝泊まりをしている。彼らの証言によると、一晩で三、四回往診に呼ばれることも、徹夜することもあるため、苦しみやつらさを耐え忍ぶことができなければ、この仕事はやれないという。それにもかかわらずどの診療所も常に運転資金不足の窮地に陥ている。なぜならば、中国農村では、村民があまり現金をもたず、つけで治療を受けることが多いからである。医薬費を払えない人もいれば、百元ぐらいの医薬費の支払いを何日間も待たなければならないこともある。「農村ではこういう慣習がある。ある時には、彼はお金があまりない、支払うことができない。ある時には、彼はお金をもっているけれども、ほかの仕事をやりたい、ほかのものを買いたい。だから、診察をしたらまず記帳させる」。「郷親は誰でも現金を常にもっている訳ではない。一時的に現金がないため、病気になっても診察しない、薬が必要であっても薬を出さない訳にはいかない。病気になったら、治療を先にし、お金のことは後でいい」との証言がある。[21]

こうして現金収入の少ない農民の多くは、医薬品代金を帳簿につけるだけで、付け払いする。しかし、農民はいったん現金を手に入れると、少額でも、先に医薬品代金の付けを返す。どうしても返せない時は、卵や鶏をもって代わりとする。俗に言う「欠帳不頼帳」である。このようなやり方は農民と医者との間に厚い信頼関係があるから成り立っている。しかし、「因病致貧・因病返貧」の現象は頻繁に出てくるため、どうしても付けの支払いができない人に対しては、診療所は年々繰り越すか、免除にするかを決断しなければならない。

二〇〇〇年以降、中国社会で偽薬が横行し社会の大問題となった。このような社会状況のなかで農村医者は薬品を購入する時に自ら真偽を鑑別しなければならなかった。彼らによると、もし不注意で偽の薬品を購入してしまったら名誉上の損害が一番大きい。「農村では名誉が極めて重要だ。都会では、もし患者があなたの病院で診察を受けて、薬を飲んでよく効かないとすれば、これからあなたの病院に行かなくなるが、病院にとっては損が少ない、他の患者が来るからだ。村では、患者はただこの村の村民だけで、評判が悪くなったら、この仕事はもう続けられなくなる。みんなが常に『信誉第一』と言っている」[22]。偽薬の問題にもかなり神経が取られていることはよくわかる。

第３－１表　中国農村地域基礎予防接種項目

接種区分	接種時期	追加説明
ポリオ（Polio 急性灰白髄炎）	生後3ヶ月～18ヶ月の間に2回、2回目は初回終了後6週間以上経過したもの	農村では「小児麻痺」と呼ばれる
DPT三種混合 ・ジフテリア（Diphtheria） ・百日咳（Pertussis） ・破傷風（Tetani）	3期に分けて実施。第１期：生後24ヶ月～48ヶ月、3週～8週間隔で3回。第2期：第1期終了後12ヶ月～18ヶ月1回。第3期（ジフテリア）：小学校6年生	DT二種混合の場合もある。三種混合対象者で、既に百日咳（P）にかかった人。または何らかの理由で三種混合が受けにくい人
風疹（Rubella）	1回、中学校２年生	女子のみ
麻疹（はしか　Measles）	生後18ヶ月～72ヶ月	MMRの場合も有料の地域もある
BCG	ツベルクリン反応検査で陰性（結核にかかったことのない）の人は、小学校１年生、中学校1年生で、BCG接種を受ける	結核性髄膜炎、肺結核等の予防

第三節　農民の健康と衛生環境

中国農村では都会に比べて劣っていない医療サービスと言えば基礎予防接種で、その仕事を担っているのは各村の診療所である。診療所の予防接種は「日報制」で、ワクチンの接種があれば、その日のうちに現地の予防ステーションに報告しなければならない。そのため、情報は比較的に把握しやすい。大部分の農村では、予防接種は一九七〇年代より導入され、地方財政負担により実施されている。一九九〇年代以降、ポリオ、ＤＰＴ三種混合（またはＤＴ二種混合）、風疹、麻疹、ＢＣＧの五種類の予防接種が一部の地域を除き誰もが原則無償で受けられる（第３―１表）。そのため、多くの感染病、例えば結核・マラリア・ポリオ・寄生虫症などが広大な中国農村で根絶されつつある。

日本では四～一五歳の児童に対して日本脳炎、集団生活者に対してインフルエンザ等臨時接種も行われるが、中国農村では殆どしていない。

中国農村では、経済生活の向上や予防接種の徹底により感染症等の発病率が減少してきている一方、悪性腫瘍、脳血管系、循環器系の疾患が増加し、大都会の疾病構造に徐々に近づいている。中国衛生部の統計によると、近年、農民のかかった主要疾病を多い順で見ると、①呼吸器系疾患、②がん・腫瘍、③脳卒中（脳梗塞・脳出血）、④心疾患、⑤傷害、⑥消化器系疾患、⑦泌尿器系疾患、⑧肺結核などとなっている。[23] それを検証するため、われわれが北京近郊農村で入手した「沙井村村民過去帳」をもとに分析してみる。[24] その過去帳は公的記録ではなく一教師が個人的に記録した私的メモであるに過ぎないが、現代農村では類を見ない一級の資料に値する。過去帳には死亡した村民の名前がすべて記録されているが、病気で死亡した場合は、具体的な病名を書かず単に「急死」「病死」だけを記したものが多かった。それをもとに統計をみると、一九四八〜一九八〇年、沙井村村民の死亡者数は一五六名で、そのうち九九名の死者の病名・死因が記されている。改革開放以降の一九八一〜一九九八年、八九名の村民が亡くなったが、そのうち、病名と死因のわかっている者は六七名。各時期の内訳は第3—2表の通りである。

第3—2表からわかるように、沙井村では一九八〇年代以降改革開放期の自然死亡（老衰）率はそれ以前より明らかに下がっており、都会の三大疾病であるがん（悪性新生物）、脳卒中（脳梗塞・脳出血・くも膜下出血）、心筋梗塞も多く見受ける。他の農村地域も同じである。内陸に位置する山西省臨汾市高河店村診療所の医者茹ＨＨによると、現地では以前は風邪、気管支炎、慢性気管支炎、結核、結核性脳膜炎、脳梗塞、脳出血、脳血栓などの病気がよく見られるが、二〇〇〇年以降、生活習慣・生活環境による疾患、高血圧（肥満・栄養過多）、糖尿病、高脂血症（アルコール中毒・喫煙などによるものを含む）、腎臓炎が多発している。死亡原因について言うと、以前は気管支炎、肺心関係の病気、肺気腫が多いが、現在は脳血管の悪性瘤が比較的に多くなっている。[25] これらの病気の多発と農村の生活環境との関連についてはさらに詳しく研究する必要があるだろう。

第３－２表　「沙井村村民過去帳」にみる主要疾病

病　名	1948～1980年 99名死者の内訳（%）	1981～1998年 67名死者の内訳（%）
老衰	56名（56.6%）	17名　（25.4%）
夭折	8名	0名
心筋梗塞（心血管病・心臓病）	8名	14名
食道がん	3名	9名
気管支炎	3名	0名
肺の病気・肺がん	5名（うち肺がん3名）	1名（肺がん）
事故（交通・触電・水死等）	3名	4名
自死	2名	1名
高血圧	2名	2名
認知症	2名	0名
戦死	1名	0名
子宮がん	1名	0名
皮膚がん	1名	1名
肝臓炎・肝臓がん	1名（肝臓がん）	2名（肝臓炎1名、肝臓がん1名）
白血病	1名	0名
ぜんそく	1名	2名
癲癇	1名	0名
脳卒中（脳内出血・脳血栓等）	0名	6名
胃の病気・胃がん	0名	2名（うち胃がん1名）
がんのみ記述	0名	2名
結核性脳膜炎	0名	1名
前立腺炎	0名	1名
大腸がん	0名	2名

出所：「沙井村村民過去帳」をもとに筆者が作成。

インフラ整備の不備における診療所の不足、個人経営における診療所の経営難、市場経済化による収益重視型の医療の不安定、農村医師の絶対的不足と医術の欠如など、農民の健康に関する問題が多数噴出しているが、そのなかで特に突出かつ深刻化しつつある問題は、農民の「看病難」とエイズ感染の問題である。

難病にかかった農民は村の診療所の勧めで医療設備の整っている

上級の病院、例えば郷衛生院、県人民病院に行くことになる。しかし、市場経済的な運営方式を導入した病院は、必然的に営利主義に走り、救急車で運ばれた者に対してもデポジットがないと施術しないケースもある。農民患者は病気で貧困に陥ることを防ぐため、なるべく病院に行かないという防衛手段をとらざるを得なかった[26]。数多くの調査報告に見られるように、中国農村には、金がないため病気になっても病院に行けなかった人、置き薬のみで済ませて適切な治療を受けなかった人が多数あった。われわれが調査した各村でも、病気になってもすぐ医師に診てもらえず、昔から言い伝えられてきた漢方治療法によって回復を目指すしかなかった、そのため治療のタイミングを逃がした事例があった。山西省の一人が「農民にとっては金のないことは恐れないが、病気のあることを怖がっている。家庭のなかに一人の重病者がいたら、その家庭の未来はもうないのだ」と悲しそうに著者に語った[27]。

最近の十数年間、病院で出産する農村の女性がかなり増えているが、病院に行かず専門知識をもつ保健師・助産師・医者の立会いがないまま、自宅で出産するのがまだ一般的である。山西省万栄県出身の著者が、近所に住む同級生の母親が自宅出産で大量出血し、担架で八キロメートル先の病院に運んでいく途中で息が止まったことを、五〇数年経った今もはっきり覚えている。自宅出産を選んだ理由は古い慣習によるものだといわれるが、その大部分はやはり交通不便と貧困によるものである。

近年、経済の発展に恵まれていない農民患者が神や巫医に救いを求めに行く傾向も鮮明になっている。一部の人は神の救いを求め、キリスト教・カトリック教、ひいては新興宗教などに入信するが、その他は土着の神に祈る。後者の場合は、手術などを要する病気にかかっても、病院での治療をあきらめ、「神巫」「江湖郎中」「巫女」と称するシャーマンを招く人が多い。われわれが調査した山東省の農村では病気になると「神仙」に頼る事例があった[28]。河北省の農民によると、いまでも昔のように医者にみせず、御祓いやまじないなどをしている者がいるが、若い人は御祓いなどに頼らないのが一般的である。[29] 上記の社会現象は単なる「文盲」「無知」の問題として片付けることではなく、社会環境・自然環境を考慮した上で検討すべき問題である。

エイズ（ＨＩＶ）問題は近年、農民を悩ませるもう一つの深刻な問題である。各地の村を歩き回ると、電柱に闇の性病治療広告が多く張り出されていることにすぐ気がつく。ＨＩＶの感染経路は、大都会の場合、異性間・同性間の性交渉によるものが主であるが、「無師自通」を貫き性生活に関連する情報をタブーにしている農村では「売血」による感染が大半を占めていると報道されている。[30]

一九九〇年代以降、中国の都会と農村地域の経済格差は急ピッチで拡大された。生活費や子どもの教育費等の捻出に打つ手がない農民、貧困に苦しむ農民が手っ取り早い現金収入の道として売血を選んだのである。「血頭」と呼ばれる血液ブローカーの助長のもとで、「売血は富を直ちに招く」という誤った宣伝が広く伝えられ、村を上げてその道に走る村落も現れた。管理が充分でない病院の注射針や遠心分離機の使い回しによってＨＩＶの感染は急激に広がり、われわれが二〇〇五年に訪問した河南省だけでも三八の村落が「エイズ高発生村」として中国政府に認定された。

二〇〇一年五月、中国は初めてエイズ患者の存在を報道した。[31] その前後に、ニューヨークタイムズ、英国ＢＢＣテレビ製作のドキュメンタリー「中国の忘れられたエイズの被害者たち」は、売血により多くの犠牲者を出した河南省の貧困村を「エイズの村」として暴いた。[32] 同年一一月、北京で開かれたエイズ性病予防治療大会の記者会見で、中国政府は初めて売血による集団感染が河南省で起きていたことを発表した。これによって売血で農民の多くが感染してしまった悲劇がクローズアップされた。[33] 二〇〇二年六月、国連テーマグループ（UNTGAIDS）は「中国のタイタニック危機」と題する報告書を発表し、エイズ問題の深刻さに警鐘を鳴らした。これを受けて中国政府は農村のエイズ問題に本腰を入れ始め、「血液管理規制法」「血液製剤管理条令」「医療衛生管理法」等を制定し、「エイズ対策五ヶ年計画」も発表した。二〇〇五年二月、温家宝首相は旧暦の正月休暇を返上して河南省の「エイズの村」を見舞って犠牲者を励ました(34)。

二〇〇五年八月、われわれは河南省鎮平県、許昌市の農村現地調査を予定していたが、時の総理小泉純一郎の靖国神社参拝の影響で日中関係が悪化した。河南省政府外事当局は必然のように「人民の反日感情の高まり」を理由に日中両国の学者による共同農村調査の申請を却下した。外国人が多数を占める調査団のエイズ村への接近を阻止する狙いもあったかもしれない。二〇〇六年一二月と二〇〇七年八月、われわれは現地調査を山西省臨汾市の近郊農村へシフトして実施した。調査のなかで、われわれは同問題を取り上げることはなかったため、村のなかで感染した農民の有無については確認できていない。しかし、明確になっているのは臨汾市が山西省のなかでも売血によるエイズ多発地域として知られるところである。

これに関連して有名な事件は、同市尭廟郷岔口村で起こった悲劇である。一九九八年二月旧正月中、一六歳の宋PFが不慮の事故でハサミが刺さり、大出血となった。その後、彼は市病院で一三五〇ｃｃの輸血を受けたが、その血漿は血を売るW氏（一八歳、小学校卒、ＨＩＶ感染者）からのものであった。一向に好転を見せない宋氏は転院して北京で精密検査を受けた結果、輸血によるエイズ感染者となったことが判明した。通報を受けた中国警察当局は衛生部とともに緊急調査に乗り出し、臨汾地区における売血によるエイズ感染事件の真相・規模等が初めて明らかになった。この事件を教訓に臨汾市は被害者およびその家族を調査してエイズ患者に優しい町作りを始めた。二〇〇七年われわれの現地調査時に、同市東一五キロメートルに位置する尭都区岔県底鎮東里村には七〇床、三〇名の医者・看護師を擁する臨汾市伝染病院エイズ治療専用区（「緑色港湾」と呼ぶ）が設置されており、十数名のエイズ感染者を収容している「紅糸帯小学校」（赤いリボン小学校）も設立されている。われわれの農村調査のパートナーである山西師範大学の大学生もこの村でボランティア活動をしている。

現在、中国農村では売血が禁止され、不法な採血所も閉鎖されたため、血液によるエイズ感染の拡大は抑制されている。しかし、エイズ感染者への差別と無理解は依然として存在している。エイズ啓蒙活動、感染者への治療とケアなど取り組んでいかなければならない課題が数多く残っている。

第四節　伝染病の防疫体制と新型農村合作医療制度

中国の憲法には、国家の責務として国民の健康を保障することがあげられている。しかし、以上で分析してきたように、中国農民の健康状態に大幅な改善が未だ見られないし、農民の医療衛生状況が極めて深刻な状態になっている。医療問題を適宜に解決しないと、農民の不満がいつか勃発するかもしれない。それでは中国政府はどこから有効な手を打つべきか、著者からみると、以下の二点は無視できないだろう。

（一）伝染病の防疫体制作り

最初の措置はやはり農村でもきちんとした伝染病予防体制を作るべきである。中国農村では、一九八〇年代以降、ポリオ（急性灰白髄炎）、百日咳、ジフテリア、破傷風、風疹、麻疹の接種率（中国語で「四苗六病」と呼ぶ）は既に一〇〇％を達成している。しかし、伝染病予防体制の脆弱さは猛毒ＳＡＲＳの発生によって初めて露呈された。

ＳＡＲＳ（Severe Acute Respiratory Syndrome、重症急性呼吸器症候群、中国語略称「非典」）は二〇〇三年三月

一五日にWHOによって命名された新しい伝染病である。二〇〇二年一一月〜二〇〇三年五月、SARSは中国の広東で発生、その後、山西、北京、香港、台湾へ蔓延した。当時、中国の伝染病予防管理法は一九八九年のもので、SARSは国境を越えて人間の安全保障への脅威となる新興感染症であるとの認識には至っておらず、各地方の対策（農村では診療所）に任せていた。しかし、SARSは人々の動きに合わせて東南アジア、北米、ヨーロッパなど世界各地へと飛び火し、中国の予防体制、防疫体制の問題点がクローズアップされた。二〇〇三年四月二〇日、中国政府はSARSの対応不適当・情報隠蔽の責任をとる形で医療衛生担当部長と北京市長の二人を解任し、国際機関との協力体制を強くした。この日を境に突発性公共衛生事件応急体制が一新され、かつてない有効な対策と大掛かりな啓蒙活動は迅速に都会から農村の隅々までいきわたり、SARSの蔓延が最終的には抑えられた。われわれが調査した高河店村でも大規模な動員と推進力をもって村周辺に他村民の出入り禁止等の措置を取り、予防と蔓延防止に努めた。

SARS撲滅を契機に中国政府は社会の末端の農村まで防疫体制を再建したが、その問題点はやはり予防の責任を農村の個人診療所に丸投げにしたところにある。個人診療所に情報とアドバイスだけを提供して後はすべて任せるといった対処の仕方で足りるだろうか？　グローバリゼーションの進む時代、突発性伝染病の拡大の可能性も大きく、経済的、政治的影響も大きいため、対策もそれに対応したものでなければならない。大規模な伝染病が中国農村で再発してしまったら、SARSの時のような混乱を避けることはできるか否かは疑問である。

(二) 新型農村合作医療制度の確立

二〇〇二年、中国政府は「中共中央、国務院関於進一歩加強農村衛生工作的決定」（二〇〇二年中発一三号）のなかで、新型農村合作医療制度の構想を打ち出した。二〇〇三年一月、衛生部、財政部、農業部は二〇〇三年より各地域で実験的な県・市を選び、直ちに実験開始するよう、共同で政令を発布した。われわれが調査した山西省臨汾市近郊の高河店村も実験地として選ばれ、実施を開始した。

その内容は次のようなものである。(35) 掛け金については、加入する農民は家庭ごとに加入、一人あたり毎年一五元。中央政府は加入者一人あたりで一〇元補助、省・市・県各レベルの地方政府は合計で一〇元補助する（一般的に省は三元、市は三元、県は四元）。治療待遇については、加入者は地域の指定病院に入院して累積五〇〇元以上かかった場合、三〇％が還元されるが、最高額は三〇〇〇元を上限とする。市以上の上級病院に入院して医薬品が二〇〇〇元以上かかった部分は四〇％還元されるが、毎年一人の上限額は一〇〇〇〇元とする。省以上の病院入院で三〇〇〇元以上かかった部分は、四五％還元され一二〇〇〇元を上限とする。総じて一人あたり毎年、政府から還元される最高の医療額は一二〇〇〇元とする。二〇〇七年三月、尭都区新型合作医療管理センターは高河店村の全村民に「尭都区新型農村合作医療証」を配布したが、同年八月、われわれが農民に確認したところ、実際に利用したことのある農民は一人もいないし、彼らは利用の方法も手順も分らないと言っている。その後約一〇年、医療保険の対象者が拡大され、農民患者は徐々に病院で治療を受けられるようになった。

注

（1）王紅漫『大国衛生之難――中国農村医療衛生現状与制度改革探討』二一一頁、北京大学出版社、二〇〇四年。

（2）一九六〇年代、中国には医療衛生業に従事する者がわかず一四〇万人で、そのうちハイレベルの医療人の七〇％が大都会に、二〇％が県城に常駐しているが、農村で仕事をしているのはわずか一〇％である。「在全国農村医学教育会議庁局長組伝達主席指示精神」（一九六五年六月二六日衛生部長銭信忠発言）、一九六五年全国農村医学教育会議秘書処編集・配布『会議資料集』（未刊稿)。
(3) 米山郷の保健ステーションは郷レベルの医療保健所で、資金は農業合作社の公益金、農民の出資、医者の投資で構成され、郷所属のすべての農民の医療、予防、保健業務を担当する。医者の待遇はその医療技術、サービス、業績等で農業合作社の代表、郷政府の幹部、社員代表の三者の協議によって決められる。一九六二年末、山西省だけでも六〇九三個の農村保健所が作られた。山西省史誌研究院編『山西通誌』(第四一巻 衛生医薬誌・衛生篇)、一七一、一七六〜一七七頁、中華書局、一九九七年。
(4) 同村では一人あたり毎年一元の合作医療費を納付、各生産大隊が公益金から一人あたり〇・五元を抽出する。両者を合わせて「合作医療基金」とする。特別なケースを除けば、すべての村民が医者にかかる時、診察受付費(〇・五元)のみの支払いで済む。薬代等は無料となる。
(5)「従"赤脚医生"的成長看医学教育革命的方向」『紅旗』一九六八年第三期、一九六八年九月一〇日。『人民日報』一九六八年九月一四日。文化大革命中の映画『春苗』は、上海市川沙県(現浦東新区に属す)の裸足の医者王桂珍等の物語を基に作ったものである。
(6)「深受貧下中農歓迎的合作医療制度」『人民日報』一九六八年一二月五日。
(7) リンダ・グローブ、張利民調査記録、一九九四年八月二七日午後、沙井村にて。三谷孝編『中国農村変革と家族・村落・国家――華北農村調査の記録――』七二六〜七二七頁、汲古書院、一九九九年。
(8) 前掲『大国衛生之難――中国農村医療衛生現状与制度改革探討』一二五〜一三〇頁。
(9) 一九八五年一月、中国の全国衛生庁局長会議において「赤脚医生(裸足の医者)」の呼称を「郷村医生(郷村医者)」へ変更することが公式に決定された。
(10) 李恩民調査記録、一九九五年九月一三日午前、寺北柴村にて。前掲『中国農村変革と家族・村落・国家――華北農村調査の記録――』五四三～五四六頁。
(11) 内山雅生調査記録、一九九一年八月一五日午後、馮家村にて。三谷孝編『中国農村変革と家族・村落・国家――華北農村調査の記録――』第二巻、四九二～四九四頁、汲古書院、二〇〇〇年。
(12) 李恩民調査記録、二〇〇七年八月一九日午後、高河店にて。三谷孝編『中国内陸地域における農村変革の歴史的研究』一〇一～一〇二頁、平成一七年度～平成一九年度科学研究費補助金（基盤研究（B））研究成果報告書、二〇〇八年。
(13) リンダ・グローブ、張利民調査記録、一九九三年三月三一日午後、四月一日午前、後夏寨村にて。前掲『中国農村変革と家族・村落・国家――華北農村調査の記録――』第二巻、一〇四頁。
(14) 中生勝美調査記録、一九九四年八月二三日、沙井村にて。前掲『中国農村変革と家族・村落・国家――華北農村調査の記録――』八二七頁。
(15) 笠原十九司、左志遠調査記録、一九九三年四月五日午後、前夏寨村にて。前掲『中国農村変革と家族・村落・国家――華北農村調査の記録――』第二巻、二〇四頁。
(16) 規定によると、一つの村には一つの衛生所だけの設置が許可され、医者開業証書も一つになっている。
(17) 李恩民調査記録、一九九五年九月一三日午前、寺北柴村にて。前掲『中国農村変革と家族・村落・国家――華北農村調査の記録――』五四六頁。
(18) 内山雅生調査記録、一九九一年八月一五日午後、馮家村にて。前掲『中国農村変革と家族・村落・国家――華北農村調査の記録――』第二巻、四九四頁。
(19) 笠原十九司、左志遠調査記録、一九九四年一二月二八日午前、寺北柴村にて。前掲『中国農村変革と家族・村落・国家――華北農村調査の記録――』一一七頁。

(20) われわれの調査で明らかになったことであるが、戦乱中であっても医者およびその家族は基本的に土匪や馬賊などに襲われない。例えば、寺北柴村では張老楽という知識人がいた。彼は一介の村人だが、医者（漢方医）で脈を見て病気を診察することができるため、馬賊の拉致の対象にはならなかった。三谷孝調査記録、一九九五年九月七日午後、寺北柴村にて。前掲『中国農村変革と家族・村落・国家——華北農村調査の記録——』二八八頁。

(21) 李恩民調査記録、一九九五年九月一三日午前、寺北柴村にて。前掲『中国農村変革と家族・村落・国家——華北農村調査の記録——』五四五頁。

(22) 同上。

(23) 中国衛生年鑑編輯委員会編『中国衛生年鑑』(二〇〇八年)、人民衛生出版社、二〇〇八年。

(24)「沙井村村民過去帳」は前掲『中国農村変革と家族・村落・国家——華北農村調査の記録——』に付録として収録されている、九二三～九三二頁。

(25) 李恩民調査記録、二〇〇七年八月一九日午後、高河店にて。前掲『中国内陸地域における農村変革の歴史的研究』一〇一頁。

(26) 農村では病気と家計との関係について次のような流行り謡「有銭治病、没銭丟命」「脱貧三五年、一病回従前」「小病拖、大病挨、要死才往医院抬」「救護車一响、半頭牛白養」「住上一次院、全年活白干」「小康小康、一場大病全泡湯」などがある。

(27) 李恩民調査記録、二〇〇七年八月二三日、高河店にて。前掲『中国内陸地域における農村変革の歴史的研究』一一二頁。

(28) 笠原十九司、三谷孝調査記録、一九九〇年八月二一日午前、沙井村にて。前掲『中国農村変革と家族・村落・国家——華北農村調査の記録——』五七二頁。

(29) 末次玲子調査記録、一九九五年九月一三日午前、寺北柴村にて。前掲『中国農村変革と家族・村落・国家——華北農村調査の記録——』五〇三頁。

(30) 売血時に必要な成分だけを取り、残りの血を人体に戻すプラズマ機にかかり、その過程で感染したもの、輸血や血液製剤の使用により感染したものが含まれる。

(31) 中国でのＨＩＶ感染者報告第一症例は一九八五年である。当初、雲南省などから流入した麻薬注射針使用者が中国のＨＩＶ感染報告の七割を占めていたが、流行が進むにつれ、ほかの感染経路も増えている。

(32) 日本では二〇〇五年一〇月、ＮＨＫは「中国　エイズに苦しむ村」という番組の名で河南省の「エイズの村」と呼ばれた村に生きる人々と医療支援などを行っているボランティアの活動を紹介、農村医療の実態を忠実に報道した。

(33) 二〇〇九年一二月一日の世界エイズデーを前にして中国のＨＩＶ感染者は七四万人と推定されていると発表した。

(34) この問題の深刻さについて多くの調査書や研究書は既に刊行された。例えば、阿古智子『貧者を喰らう国――中国格差社会からの警告』（新潮社、二〇〇九年）、高耀潔『中国艾滋病調査』（広西師範大学出版社、二〇〇五年）及び「社会学視角的艾滋病研究」シリーズに収録される陳琦『辺縁与回帰――艾滋病患者的社会排斥研究』（社会科学文献出版社、二〇〇九年）、程玲『互助与増権――艾滋病患者互助小組研究』（社会科学文献出版社、二〇一〇年）などがある。

(35) 高河店村が壁に張り出した「尭都区新型農村合作医療宣伝材料」による、二〇〇七年八月。

第四章　農民の移住：都会のための犠牲

【調査手記】

●大規模なナショナル・プロジェクトを挙国一致体制で行い、それによって国全体を豊かにしようという方法は従来からの発展途上国の社会開発のあり方と同じになっている。しかし、そのプロジェクトによって恩恵の大部分を受けるのは都会で、都会のために地方、とりわけ農民が犠牲になるという構図がすでに明らかになっている。この意味で言えば、「南水北調」プロジェクトの建設もその典型的な事例である。

●中国北部は長年にわたり深刻な水不足の問題に悩まされている。「水の神様」を祀り、雨の恵みを祈る＝祈雨の村落もあれば、水の利権・水の配分をめぐって宗族間、村落間で行う「械闘」「水利紛争」もあった。水不足の問題は確かに重大な社会問題となりつつある。

●中国各地方政府の中に「移民局」という部署がある。それは外国人の出入国を管理する役所とは全く関係ない。中国国内のダム建設プロジェクトの移住者（主たる対象者は農民）を移住・管理する部署である。

●中国にはナショナル・プロジェクトのための移民は一五〇〇万人以上。南水北調は三峡ダムに次ぐ大規模なナショナル・プロジェクトである。勿論、南水北調のための移民は「自願移民」（自ら移住を希望する住民）ではなく、社会開発のための「非自願移民」（自由意志ではないが移住せざるを得ない住民）である。

第一節　水調達プロジェクト：南水北調

近代以降の中国において、水をめぐる人間と自然の「戦い」は主に次のように展開される。長江（揚子江）以南の南部地域は洪水・河川氾濫の治水に集中されるのに対して、長江以北の華北・西北地域は水資源の開発に着目される。

南水北調プロジェクトは、乾燥の厳しい北部における深刻な生活用水・工業用水不足の問題を根本的に解消するために、高度経済成長政策の強い要請のもとで構想されたもので、華北地域経済の発展ならびに西北地域を含む「西部大開発」の構想と結び付けられるものである。(1) 同プロジェクトは、著名な長江三峡ダム建設（二〇〇九年完成）に並ぶ二一世紀前半における中国最大のナショナル・プロジェクトである。その建設について技術・環境等の面においては賛否の論争が続けられているなか、二〇〇一年三月、中国政府が「できるだけ早く着工する」と正式に宣言したことによって、(2) 世界の注目の的となった。本章は、社会学と政治学の視点から、同プロジェクトが現在の華北・西北地域にとって本当に必要なのか、またその完成が上記地域の農村と都市の経済発展、特に住民の生活に対してどのような影響を与えるのか、を考察する。

一方、南水北調プロジェクトは両刃の剣である。それは華北と西北地域にかなり大きな経済利益をもたらすことができる一方、各地の環境と社会に衝撃を与えることもありうる。本章はその建設が実際に長江流域を中心とした自然生態を損傷する危険があるのか、また人工用水路の存在が経由地域の社会安全保障に対して脅威を与えるのかについても考察する。

(一) 五〇年間構想の歩み

南水北調プロジェクトと長江三峡ダムプロジェクトは双子である。中華人民共和国建国後の一九五三年、毛沢東国家主席は長江を考察する際に、林一山長江水利委員会主任に三峡ダムの建設について意見を諮ると同時に「南部に水が多いのだから、水の足りない北部は、南部から水を借りられないものだろうか」という発想を打ち上げた。(3) これは後に南水北調構想の嚆矢《こうし》となったといわれる。毛沢東のこうした発想を受けて、国務院水利電力部、中国科学院、長江・黄河・淮河《ホワイホー》などの水利委員会は直ちに調査研究チームを組織して長江と黄河を結ぶ引水ルートについて地質調査を開始した。(4) 一九五八年八月、中共中央北戴河会議において出された「水利工作に関する指示」の中には、「南水北調」という名称が正式に使用された。(5) 当時、中国は人民公社と大躍進運動の最中であったため、三峡ダムと南水北調の二つのプロジェクト企画がともに大躍進の精神のもとで、短期間でほぼまとめられた。ところが、その直後、中国は大躍進がもたらした「自然災害」と国内経済発展の挫折に見舞われ、両プロジェクトとも棚上げせざるを得なかった。

一九六〇年代の政治不安、特に文化大革命初期の政治混乱を経て南水北調プロジェクトはその後、再び話題となった。一九七二年、一六か月の間全く雨が降らないという記録を残した華北地域大旱魃の後、水利電力部は「下放」(6) された水利専門家を集めて実現の可能性の高い東ルートに関して本格的な研究・調査を推し進めた。以来、淮河・長江・黄河の諸水利委員会は各地域の地方政府の協力を得て調査と設計を行った。一九七八年末からの改革開放時代に入ると、水利部は南水北調プロジェクトに対する科学的なフィジビリティ・スタディに力を入れた。一九八三年三月、国務院は水利部が提出した「南水北調東ルート第一期工程研究報告書」について審査し、翌年に三峡ダムの建設をまず批准した。三峡ダムの目標の一つは、将来南水北調のための貯水にあるということもあって、南水北調はその後、正式にナショナル・プロジェクトとして政府議事の日程に乗せられた。一九八七年、国家計画委員会は西ルートの建設を重要項目とし、一〇年以内に同ルートで引水の可能性と合理性について結論を出すよう水利部に指示した。その後、黄河水利委員会等機関は寒冷地帯の厳しい状況の中で、調査・測量を通して、雅礱江《ヤーロンチアン》、通天河《トンティエンホー》、大渡河《タートゥーホー》からの引水企画を進めた。

一九九〇年代に入ると、南水北調プロジェクトの必要性や可能性をめぐる論争が大いに展開されたが、中国共産党と中央政府は前向きに検討した。一九九二年、中国共産党一四回代表大会は、南水北調を二一世紀の一大プロジェクトとして正式に決定した。翌年六月、国務院内の関係審査委員会は南水北調実施の可能性に関する研究報告を認定した。一九九九年までに水利部は長江・黄河各水利委員会から提出された中央ルート・東ルート素案を認可し、国家計画委員会にその施工を提案した。西ルートについても、黄河水利委員会は一九九六年に総合報告を審議に付した。

二一世紀を迎えるにあたって南水北調の企画が急ピッチで進められた。二〇〇〇年八月、中国共産党は「第十次五ヵ年計画」(二〇〇一～二〇〇五)に南水北調を組み入れるよう提案した。それを受けて水利部は同年九月と一一月に、「北部地区水資源総合企画綱要」と「南水北調プロジェクト総合企画綱要」を正式に国務院に提出した。これらの綱要は、中国北部、特に北京・天津と華北・西北地域における水不足の現状を論述し、南水北調の必要性と概要ならびに実施意見を述べた。翌年の三月、第九回全国人民代表大会第四次会議は、「中華人民共和国国民経済和社会発展第十個五年計劃綱要」、いわゆる「第十次五ヵ年計画」を批准し、南水北調の早期着工を認可した。二〇〇二年一二月末、南水北調プロジェクトの施工は東ルート第一期工程より本格的に開始した。

(二) 概要と社会的効果

南水北調の意味は字の如く、中国南部長江水系の水を巨大な人工用水路を通して北部に流すことである。約五〇年間の研究と調査を経て、南水北調の全般的な枠組みは、最終的に中央・東・西の三つのルートに決まった。その詳細は次の通りである（第4―1図参照)[7]。

(1)東ルート

長江下流の江都（揚州付近）から水を引き、北京―杭州の大運河およびそれと平行する河道を利用し、洪沢湖《ホンツォー》・駱馬湖《ルオマー》・南四湖《ナンシー》・東平湖を通り、位山の付近で黄河を通り抜けて天津に至る。

東ルートの地勢は、黄河を中心とし以南が低く以北は高い。供水地の揚州は黄河の地面より四〇メートル余低い。したがって、長江下流から黄河南岸までの引水には、一三の段階的揚水ポンプステーション（総揚程六五メートル）を築く必要がある。黄河を通り抜けると、北へ緩やかに傾斜していく地勢に沿って終点まで自然に流れていく。東ルートは長さが一一五〇キロメートルで、主に江蘇・山東・河北に一四三・三億立方メートルの水を提供する（そのうち生活・工業および水上運輸用水は約六六・五六億立方メートルで、農業用水が七六・七六億立方メートルである）。同ルート完成後、江蘇北部、山東、河北東部の農業用水不足、天津―南京鉄道沿線都市の水資源不足の問題を基本的に解消、悪化しつつある当該地域の環境も改善する。

(2)中央ルート

長江の支流である漢江（漢水）の丹江口《タンチアンコウ》ダムから水を引き、伏牛山脈と太行山脈の麓の平原に沿って用水路を掘削して送水し、長江・淮河・黄河の三大流域にまたがって自然に流れるようにし、河南省鄭州市では西へ黄河を越え、水を北京・天津まで送る。用水路の総幹線は湖北省と河南省の境にある陶岔から北京の玉淵潭まで約一二四五・六キロメートル、途中の河北省徐水県から天津の河閘にいたるまで約一四三・六キロメートル、両者を合わせて一四〇〇キロメートルである。中央ルート総幹線の設計水位は出発点で一四七・二メートル、終点で四九・五メートル。この

第4-1図　南水北調略図

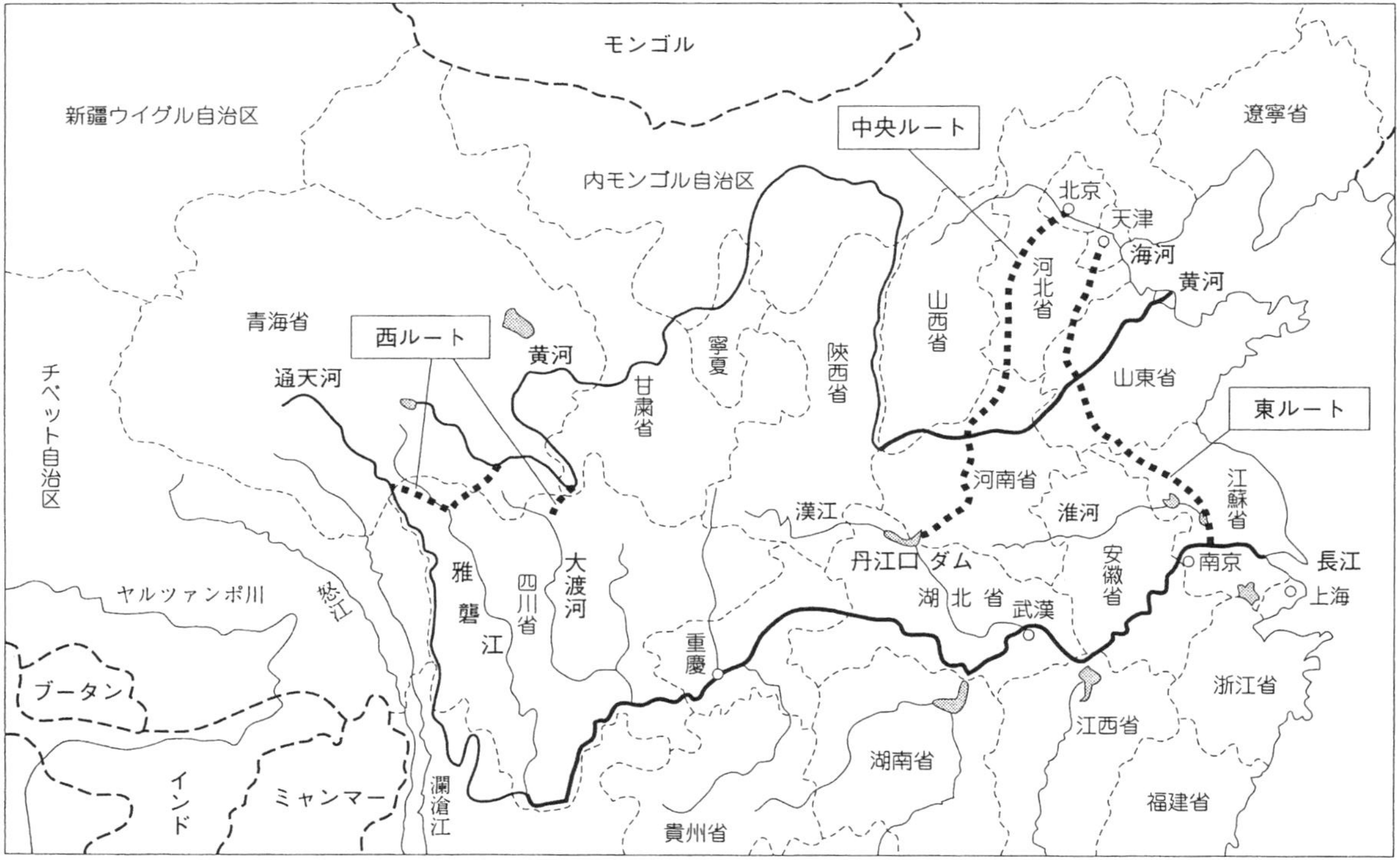

出所）長江水利委員会「南水北調概況」（ホームページ掲載）をもとに筆者が作成。

ため、西高東低の地勢を利用して自然に目的地まで流す。

中央ルートの最大引水量は、丹江口ダム完成後の正常貯水（水位一七〇メートル）の場合は、年間平均で一四五億立方メートル、渇水年には一一〇億立方メートルの水を引くと設計されている。初期の目標は、湖北・河南・河北・北京・天津などの都市生活用水・工業用水不足を重点的に解決することにしているが、余裕がある場合、さらに農業用水（約三〇億立方メートル）とその他の用水にも供給することにする。中央ルートの建設をもって華北地域における水不足の状況は緩和され、悪化しつつある同地域の生態環境も改善される。しかし漢江の引水量も限度があるため、長期計画としては、将来三峡ダムまたは長江本流から水を漢江まで引き、丹江口ダムの貯水量を増やしていく。

丹江口ダムから水を引くためには、まずその堤防を高く増築しなければならない。同ダムの堤防を高くすることによって数年に一度洪水に見舞われる漢江中下流域の水防能力が自然にアップされ、漢北平原と武漢市の安全も確保することができる。中央ルートの水は汚染されず水質がとても良い。その建設が完成された後、北京までの水質を確保するために、用水路には船の運航も観光スポットの開発も禁止される。中央ルートの建設は華北地域の水資源危機を解消し中国水資源の合理的配置を実現させる最も良いプランであるといわれる。

(3) 西ルート

長江上流・支流の大渡河、雅礱江と通天河からそれぞれトンネルを掘って水を引き(8)、黄河上流に注がせ、黄河の「断流」問題を解決し西北地域の旱魃・水不足の問題を緩和する。上記三本の川からの最大引水量は二〇〇億立方メートルで、そのうち通天河からは一〇〇億立方メートル、雅礱江からは五〇億立方メートル、大渡河からも五〇億立方メートルとなっている。西ルートの引水によって青海、甘粛、寧夏、内モンゴル、陝西、山西の六つの省・自治区は灌漑面積を三〇〇〇万畝《ムー》開拓することができ、都市の生活用水と工業用水も確保することができる。さらに、西北地域の経済発展と黄土高原の生態系の改善に対しても期待できる。

長江と黄河はいずれもチベット高原に源を発しており、両河の上流はそれほど離れていないが、その間にはバヤンカラ山脈がある。黄河の河床は長江の河床より八〇～四五〇メートル高い。西ルートの引水工程はまず二〇〇～三〇〇メートル前後の高いダムを築くかポンプステーションで揚水するかを選択しなければならず、また岩ばかりのバヤンカラ山脈を通り抜けるための一三〇～一五〇キロメートル前後のトンネルを三つ掘らなければならない。

上記三つのルートについて、中国の社会・経済状況を見極めて「同時施工論」か「順次施工論」か、を決めなければならないが、南水北調の一部提案者は「中央ルートを先に、東ルートをその次に建設し、同時に西ルートに関する前期的研究を強化する」と呼びかけている。(9) しかし、二〇〇一年、北京市は中国史上初の夏季オリンピックの主催に向けて、南水北調をできるだけ早く着工するよう要求した。(10) 中国政府も北京市が今後厳しい水不足の問題に直面することを理由に、西ルートを除く中央ルートと東ルートの同時着工を許可した。その結果、東ルートの第一期工程は二〇〇二年一二月末に着工、一一年後の二〇一三年一二月に竣工した。その直後、同ルートは山東省に送水して膠東半島などの地区における水不足の改善を図った。二〇一九年四月、さらに応急措置として天津と河北省への供水システムも初めて稼働した。他方、中央ルートの第一期工程が東ルートより一年遅れて二〇〇三年一二月に施工開始、二〇一四年一二月をもって全線開通、丹江口ダムから送られた長江の水が北京に供給された。それ以来、同ルートは絶えず北方に送水を続け、主に北京市、天津市、石家荘市、鄭州市など都市の人々がその水の恵みを受けている。ちなみに北京水務局のデータによると、二〇一七年の時点で、北京市の年間用水量は約四〇億立方メートルであるが、その四分の一にあたる一〇億立方メートルの水は南水北調プロジェクトにより賄うことになっている。(11)

節水は一つの新しい革命である。華北各地で節水を呼びかける。山西省洪洞県にて　2006年12月　著者撮影

第二節　華北地域の水不足：南水北調の必要性

南水北調プロジェクトは施工の段階に入って既に二〇年の歳月が経った。しかし、中国国内においてはそれをめぐる推進と慎重両論の論争に終止符は打たれていない。水利部をはじめ政府関係者は、南水北調が二一世紀における中国の壮大な水利プロジェクトであり、水資源の最適化配置を実現するための最も挑戦的なインフラ施設プロジェクトであると主張する。彼らの分析によると、中国は一九九〇年代現在、水について「洪水・冠水による災害」、「旱魃による水不足」、「水環境の悪化」という三大問題を背負っている。この三大水資源問題の解決に対して科学的・総合的な対策をとるべきであるが、その対策のかなめは水資源の最適化配置を計ることである。水資源の最適化配置を実現するためには、流域と区域の水資源を包括的に管理しなければならず、流域の水資源不足の場合、流域にまたがって水を引く必要がある。また、水資源の厳しい情勢はすでに中国の国民経済の持続可能な発展をひどく脅かしている。中国経済を変わらず高度成長させるためにも、南水北調プロジェクトは不可欠であるという(12)。

南水北調が国策として定められた以上、反対論者の活動は表に出なくなったが、科学研究の成果をもって慎重に進めるべきだと主張する学者も積極的に活動をした。例えば、一部の研究者は「中国北部の水不足の緩和は意識を転換してこそはじめて誤りを犯さず、現地で節水と水資源の開発をしてあまり遠回りしないことが可能である」と指摘した。彼らの研究によると、中国南部の農地の平均水量（一畝あたり七〇〇〜九〇〇トン）は華北地域（一畝あたり三〇〇〜四五〇トン）の二倍ないし三倍程度で、通常いわれている一〇倍ではなく、南部地域のイネの単位面積収穫高に必要な年間用水量はちょうど華北の小麦・トウモロコシの単位面積生産高に必要な用水量の二倍から三倍である。中国は旱魃、冠水による災害が頻繁に発生する国で、最もひどい旱魃あるいは洪水・冠水が、同時に南部・北部を巻き込むことがよくある。そのため、長距離、大規模の南水北調は経済的ではなく、実施する価値のないものであると指摘する。彼らはまた経済発展と自然との関係から次のように指摘する。水が多ければ生産高も高いと言って、灌漑面積の拡大によって農業を発展させることは時代遅れの考え方である。北部の水不足の問題を解決しようとすれば、エコ農業と雨により作物の育成を大いに推し進めていくべきである。天津・青島・大連など水不足がひどい沿海都市では、イスラエルやサウジアラビアのように海水から塩分を除く技術を発展させていけば、さまざまな収益をあげることができる。「持続可能な発展」を実現し、次の世代の人々に素晴らしい自然と社会環境を残すための鍵は「事実求是」を旨として、自然法則に基づいて事を運ぶことにあるという(13)。

上記の論点のほかに、一部の研究者は東ルートと中央ルートの南水北調は支持するが、巨額の投資と極めて長い期間を費やして初めて実現可能な西ルートは実施する必要がなく、現地水資源の開発を通して西北地域の水不足問題が解決できると主張した。彼らの論点は次の通りである：西北地域の開発の可能な水資源は大体「高山の氷河が解けた水」、「国境外に流れている河川の水」、「半地下の水と地下水」に分けられるが、これらの水資源を包括的に計画案配

霍泉の水を三割（洪洞県）、七割（趙城県）に分けた伝説の「分水亭」　山西省洪洞県にて　2006年12月　著者撮影

し、その分布地区に適した方法で開発すれば、西北地域の地表水不足の問題を解決することが可能である。これは投資が少なく、効果が早く現れる良いプランである。[14]

著者は黄土高原に位置する山西省に生まれ育ち、小さいとき兄弟とともに他の村で「討水」（水もらいをする）した経験もあって、南水北調の実行にあたって慎重な対応が必要だと認めるが、その企画と実施については概ね賛成する。

社会全体のための「開発」という視点から言えば、南水北調は将来的にはやらなければならないものである。中国水資源の総水量は二兆八〇〇〇億立方メートルで、一人あたり水資源の所有量はわずか二三〇〇立方メートルと世界平均水準の四分の一で、世界の第八八位にあり、水不足の国家に属す。中国の人口は二〇〇〇年時で一二億九五三三万人、二〇五〇年には一六億に達す見込みであるが[15]、その時、一人あたり水資源の所有量はわずか一七〇〇立方メートルとなり、世界公認の用水警戒線に接近することとなる。そのうえ、全国の水土資源の配布もバランスがよくない。長江流域とそれ以南の河川の流出量は全国の八〇％以上を占めているが、耕地面積は全国の四〇％にも至らず、富水地域に属す。それに対し、黄河・

淮河・海河の三大流域と西北内陸の面積は全国の五〇％を占めているが、耕地は全国の四五％、人口は三六％に過ぎず、水資源の総量も全国の一二％しか占めておらず、渇水地域に属す。西北と華北地域は、鉱山資源が豊富で中国のエネルギーと食料・綿花・食油の生産基地であり、国民経済の中で重要的な戦略地位を有す。とりわけ黄（河）淮（河）平原・海河平原と山東半島は中国の人口密集、耕地率が高く、経済の発達した地区であり、水不足はすでに当該地域経済発展の制限要素となり、生態系悪化も引き起こしている。

黄河は中華文明の揺籃であるが、その流れが五〇〇〇キロメートル以上あり、その長い旅を終える下流の山東省内では、水が枯れて海まで届かない「断流」現象が進んでおり、黄河文明の存在を脅かしている。黄河の「断流」は一九七二年四月から山東省の利津観測所で観測され、その後、数年おきに起きていたが、一九九〇年代は毎年起こるようになっていた。「断流」の日数も年々増えてきており、最長の時は一年間に二〇〇日もあった。[16] こうした「断流」が続いていくと、黄河が数十年内には完全に枯れ、内陸川に変わるという予測が専門家から出された。[17] 黄河の水量が低減している状況の中で、逆に黄河に排出される汚水量は増加し、黄河の自助浄化能力が低下している。「断流」は、上流での森林伐採、使用量の八割を占める灌漑用水の急増、雨量の減少などが原因であるが、それがもたらした影響はいっそう深刻である。沿岸土地の塩基化と砂漠化、水生物の絶滅の恐れ、農作物被害をはじめとする農業危機のほか、操業を停止する工場も現れた。公衆浴場や公衆便所は使えず、飲料水に困る人々は三六〇万人に達した。今後人口圧力がさらに増す中で、黄河の「断流」は、中国経済発展の支障となるばかりでなく、西北・華北地域の人口動態、生態系、食糧生産ひいては黄河文明の生存にも大きな影響を及ぼす。南水北調プロジェクトでは、西ルートを通して長江上流の水を黄河上流に注がせ、二大河川を結ばせることとなっている。ある意味でこれは「黄河を救う」「黄河文明を救う」有効な方法の一つであるかもしれない。

「人間の生存」という視点から言えば、南水北調プロジェクトは絶対必要である。歴史的に、長年水不足に悩まされている多くの華北・西北農村では、水・雨にかかわる各種の行事が必要不可欠であった。干魃の時に人望のある老人の女性が祈雨のため集まり、飲用水がすっかり干上がってしまった溜め池を丁寧に清掃したり、天と地、特に雨の神仏に果物などを供え、雨の恵みを願ったりする。このような祭事は著者が小さい時何度も興味深く見てきたため未だに鮮明に覚えている。山西省各地には、水神廟も多く建てられ、三官殿あるいは三官廟には雨と水をつかさどる水官・水神も必ず祀られている。また、水源を共有する村落の間に水の紛争を防ぎ統一管理する自発的な農民組織も多く結成されている[18]。

三官殿に祀られる天官・地官・水官
山西省洪洞県にて
2007年8月　著者撮影

歴史の記録によると、華北地域ではかつて灌漑用水・飲用水権をめぐっての熾烈な戦いは絶えなかった。山西省中部における霍泉利用の割り当てについて洪洞県代表と趙城県代表の伝説は有名であるが[19]、太行山区にある老井村と隣村西坡井との「械闘」も小説と映画『古井戸』によってよく知られている[20]。現在、「械闘」まで至らなくても生存のための水を確保するにあたって、華北・西北の農民は依然として厳しい自然と闘っている。甘粛の農村では、生活用水は主に溜池の雨水に頼り、油より貴重であると

いわれ、現地の農民は洗面の時に、「顔を洗う」のでなく、濡れたタオルで「顔を拭く」だけにする。また、野菜を洗ってひどく濁っている水も捨てることなく、そのまま澱ませてから再利用することにしている。村の人々は近くの町まで行かないとお風呂に入ることができないのだ。言うまでもなく、このような村落ではほとんどの農民は自宅の近く、あるいは村内で生活用水を入手できない。朝または夕方、村から遠く離れた低地の溝や溜池への水汲みは農民達にとって日課である。その様子について『読売新聞』記者は次のように描いている(21)。

金登霞さん(三二歳)一家の一日は、夜明け前の水汲みから始まる。午前四時ごろ、夫の羅文奇さん(三二歳)がラバの背の左右に桶をぶらさげ家を出る。水源の泉は、三キロほど離れた場所にある。泉は小さくみんなが汲みにいくため、早く出かけないと、水がなくなってしまう。「この何年か、旱魃続き。作物の出来が良くなくてね。近ごろは出稼ぎしないとやっていけない」。回族特有の白い帽子をかぶった金さんの表情が曇った。……「汲んできた水は節約しながら煮炊きや飲み水に使う。ラバに飲ませるのはあまった時だけ」と金さん。

金さん夫婦のような暮らしをし、飲み水に悩んでいる農民は中国には約五〇〇〇万人おり、その大部分は華北・西北地域の貧困村に住居している。こうした水汲みは多くの地域で女性や小中学生の仕事となっており、その負担が女性の健康を損ない、学生の通学を困難にしている報道も相次いでいる。そのため、中国政府は二〇〇〇年から五か年計画を立てて、甘粛省・山西省などで「農村飲用水困難解消プロジェクト」を実施している。その基本的解決方法とは「水窖《ショイジョウ》」(地下タンク)を掘って雨水・雪解け水を蓄えることである。政府が農民に補助金を出し、コンクリートの「水窖」を自宅の庭や請負の土地に掘る。しかし、旱魃になると、「水窖」はすぐ枯れてしまう。その場合、彼らは緊

雨水・雪解け水を飲用水として蓄える水窖（地下タンク）
山西省南部の農家にて　2001年夏　著者撮影

急用の給水車を待たなければならない。

こうした適切な水の供給を受けておらず、地下水または化学処理をしていない雨水（その大部分は衛生基準に達していない）を飲み水としている地域では、水の汚染により発生した「奇病」がすでに報告されている。例えば、一九八〇年代後半、山西省・内モンゴル自治区・山東省の一部地区で、地元の人に治癒不可能といわれてきた「風土病」は、井戸水のヒ素汚染に由来することが判明された。地下水の過剰な汲み上げが引き起こした地下水位の低下によって、地下のヒ素が含まれる水を汲み上げることになったのがその汚染の源であるという。[22] こうした地域の人々にとって安全で十分な量の水の確保と衛生設備の確保は健康と福祉に不可欠であり、南水北調はこの目的達成の最も重要な手段であると言えよう。

農村と比べて都市の水資源は「豊富」だと見えるが、実際は大変厳しい状態になっている。天津市・済南市・煙台市・威海市などでは、お風呂に入っているときに突然水が止まってしまう、あるいは昼間は水不足のため、やむなく夜中に起きて水道水を溜めておくということは日常茶飯事となっている。そのため、これらの市政府は毎年、給水制限を実施する。ここに首都北京の水事情を事例として紹介しておきたい。
北京の人口は一九四九年の二〇九万人から一九九九年の一二〇〇余万人に激増し、用水量は四〇倍伸びた。その五〇年間、北京は水資源のバランスが崩れる度に、密雲ダムから他地域への水供給を停止するという対策を取って危機を切り抜けたが、一九七〇年代以降の主な解決策は地下水の過剰的な汲み上げによった。北京の地下水の採取可能量は年間二五億立方メートルであるが、地表水の不足によってやむなく地下水を過剰に汲み上げてしまった。一九九九年、北京の地下水は一九六〇年代と比べると、五五億立方メートル少なくなり、それによって地下の水位も大幅に下がった。その上、泉の水がなくなり、湖の水面積が年を追って小さくなり、地盤沈下面積はすでに八〇〇平方キロメートルにのぼり、それによる建物への被害も生じていた。(23)

国際基準によると、一人あたりの水資源が三〇〇〇立方メートル以下だと渇水と見なされ、一〇〇〇立方メートルだと生存のための最低限界とされる。一九九九年当時、北京地区の一人あたりの水資源は三五七立方メートルで、全国水準の八分の一、世界水準の三〇分の一であった。(24) 深刻な水不足は北京の社会と経済の発展を制約する一要因となっており、首都機能を発揮できない場合の「遷都論」浮上の一要因ともなっていた。将来の北京にとって、節約のほか、水源探しは何より重要な課題となっているが、北京周辺の殆どは水不足地域なので、水危機の抜本的な解決策は、長期的に見れば、南水北調に頼るほかないといわれていた。(25)

第三節　環境の変化と社会生活への影響

水は人間だけのものではなく、自然（植物・動物を含む全生物）とともに共有するものである。南水北調は、中国北部、特に華北地域の人間の生活用水不足問題を解消するための戦略的なプロジェクトではあるが、生態系に大きな影響を及ぼす可能性がある。南水北調について政府主流の「楽観的な」意見と異なる見解を持って、自然と「戦う」ことなく自然と「共生」するという視点から、次の諸問題の解決策を慎重に検討し、万全な対策を講じなければならない。

（一）供水地域工業・生活への影響

南水北調のすべての水源は長江にある。しかし、地球温暖化の加速と長江流域の経済発展に伴って長江から調達できる水は徐々に少なくなることが予想された[26]。

まず、長江中流地域の状況を見てみたい。中央ルートは、毎年、長江の最大の支流である漢江の丹江口ダムから一四五億立方メートルの水を調達すると設計されている。漢江流域は、湖北省の経済発達地域で、食糧・綿花の基地、また化学工業の基地として重要な役割を果たしている。湖北省内の最も豊かな県・市は概ね漢江流域沿岸に集中している。そのため、湖北省の各界は、「政治大局」から南水北調を支持すると表明したが、華北地域への送水によって発生可能な変化について強い関心も寄せ、水資源供与地域としての注文を次のように中央政府に出している[27]。湖北省は南水北調のための出資をしない。その上、南水北調による漢江下流・中流へのマイナス影響を最小限に抑えるため、また洪水防止と水環境の保全のため、丹江口ダムを増築して供水の水量を確保する。また、中央政府は漢江下流・中流地域に対して合理的な補償を行い、全額出資で碾盤山の「引江済漢」[28]プロジェクトを建設するべきである。

次に、長江下流地域の状況を見てみよう。長江流域が三峡ダム・南水北調などさまざまな大規模「開発」の波に呑み込まれており、開発の方法によっては貴重な環境が破壊され、長江の自然の豊かさが失われてしまうと懸念されている。例えば、南水北調の将来計画として長江から毎年一〇〇〇億立方メートルの水を引くこととなっているが、それは長江の年平均径流量九六〇〇億立方メートルの一〇・四%を占める。こうした海へ流れ込む水量を人為的に減らすことは、下流地域の生産・生活に対する予測しえない影響を生み出す危険性が充分ある。さらに長江の水の流量の減少に伴って海水の逆流が南京以西の地区に迫り、沿岸の工業・農業と都市発展に悪影響を与える可能性もある。また海水の逆流と魚類生存環境の変化によって、長江下流地域の生態系の悪化を心配している。こうした悪循環の中で、人間と自然の共生は、当該地域においてはほぼ不可能になってしまう。

(二) 社会安全保障への影響

南水北調は、一時の便宜的なものではなく、百年の大計である。同プロジェクトは、西高東低の自然地勢を、また西から東へ流れる自然河川を人為的に横切って南から北へ流れさせる三本の総幹線用水路を造ることとなる。この縦三本の人工大運河に相当する総幹線用水路は中国の南北を縦断し、横になっている海河・黄河・淮河・長江の四大水系を結び、「三縦四横」の水利網が形成される。しかし、今後、数十年ひいては数百年間、これらの縦の人工大運河は永遠に自然的(地震など)あるいは人為的(戦争・テロ・犯罪など)に破壊されないことを保障しなければならない。もし、大運河の堤防が崩壊すれば、南水北調総幹線用水路は中国の穀倉地帯を半滅へ導く「死の河」に変わってしまう可能性がある。社会の安全保障問題に関わるものは、主に中央ルートと西ルートである。

中央ルートの総幹線用水路は中国最大の地震帯区(邢台・北京・天津)を経由し、その大部分は京広鉄道(北京―広州)と平行する。中国の地形の大勢は段階状に西から東へ段々と低くなっており、主要河川の大多数も西から東へ流れて海に注ぐ。[29] こうした西高東低の地勢に南から北へ水を流せる中央ルートが造られるわけだが、一旦、同ルート総幹線用水路の堤防が大地震・テロなどによって全面決潰すれば、その以東の湖北・河南・安徽・江蘇・山東・河北・天津・北京は水没する可能性が高い。その場合、人民の生命財産の損失は計り知れない。

西ルートも同じである。同ルートは海抜三〇〇〇～五〇〇〇メートルのチベット高原・雲貴高原をよどみなく流れる通天河・雅礱江・大渡河から水を引くことになっている。そのような寒冷地帯において三〇〇メートル前後の高いダムを建設し、幅数百メートルで、合計長さ三〇〇キロメートル以上のトンネルを掘らなければならない。しかしながら、当該地域は中国において地質構造が最も複雑な地域であり、マグニチュード六～七ひいては八～九の強い大地震が頻繁に発生している。[30]施工の技術が複雑で、環境も厳しいだけでなく、地震対策に万全を講じなければならない。加えて西ルートの総幹線用水路は中央ルートよりさらに高い位置に造られるため、万一大地震が起こり、総幹線が破壊された場合、四川盆地をはじめとする東部・中部の中国は海となってしまう危険がある。大地震以外に、戦争・テロ・無差別的な犯罪行為や水路を経由する伝染病の蔓延などを予測したうえで、どのように総幹線用水路の安全を保障するかという社会的問題は南水北調の政治的課題となるだろう。残念ながらこの問題に関する議論はあまり見られず、水利専門家だけでなく政治学者や社会学者らの参加も期待する。[31]

(三) 移民問題

一九七〇年代初期に完成された丹江口ダムは、計画のなかで南水北調中央ルートの中枢とされている。同ダムは漢江流域面積の六〇％をコントロールし、平均天然流量は四〇八・五億立方メートルで、ダムへの流量は三九三・四億立方メートルである。丹江口ダムの高さは一六二メートルであるが、南水北調の水量を確保するために一七六・六メートルまで高め、設計貯水水位を一九九九年時の一五七メートルから一七〇メートルまで引き上げなければならない。こうした増築工事完成後、同ダムの貯水量は一七五億立方メートルから二九〇・五億立方メートルまで引き上げられる。同ダムの正常水位は一七〇メートルの時に、水浸しの面積は三七〇平方キロメートルとなる。こうしてダム地域の水浸被害がどのくらいになるかは重要である。一九九二年の調査によると、次の通りである。人口は二二・四万人、建物は四七九・四万平方キロメートル、耕地は二三・五万畝、工場・鉱山等企業は一二〇社（郷鎮企業を含む）である。

ダム周辺の豊かな自然は現地の人々の生活の中に深く根付いている。移住の対象とされた二二・四万人の現地住民の大部分は、丹江口ダム建設のためにその周辺に移住してきたばかりの農民であるが、今度はまた屋敷や家具などの家財を捨てて故郷を離れ移転を余儀なくされることとなった。そのほかに、建設中の中央ルート総幹線用水路の幅は一〇〇メートルあり、その両側の防護帯も一〇〇メートルあるので、合計で三〇〇メートルとなる。こうして計算すると、総幹線用水路の沿線の河南・湖北・河北省では、約四〇万人が土地を失ってしまい、また十数万人の移住が必要となる。したがって、南水北調のための移民の数は五〇万人以上にのぼるに違いない[32]。

ところで、水利工程のために現地住民を移住させる事例はかつて少なくなかったが、大規模の移民は一九九〇年代の三峡ダム建設からのことである。三峡ダムは中国で建設が進められた世界でも最大のダムで、その建設による水没地が約六〇〇平方キロメートルにもわたり、移住を逼られる農民が一〇〇万人以上にものぼった。中国は一〇〇万人の移民問題にどのように取り組んでいるのだろうか。

第一の方法は、集団移住である。まず山地（開墾可能な地帯）や人口過疎地帯に、村・郷ごとに移住するための集団住宅を建設し住環境を整備する。さらに移民の労働機会を確保するため、農民には農地を整備し、企業ごとに移動する労働者には工場や宿舎などを建設する。そのうえ、交通機関・商店街・病院・学校等を整備する。これは「開発型移民」といわれる。

第二の方法は、分散移住である。すなわち、三峡ダム地域から中国各地（山東・浙江・江蘇・湖北・上海・江西・湖南・福建・広東・安徽・四川の省・市）へ分散して移住させることである。

今まで移民を動員するにあたって「舎小家、顧大家、為国家建設作貢献」（小さな我が家を犠牲にしてみんなの家である中国全体の利益を優先し国家の建設に貢献しよう）という大義名分を使うケースが多かったが、故郷を離れることを嫌がる農民や移住を拒否する農民に対して、政府側は彼らの意思をどれほど尊重したのかは疑問である[33]。

なお、大規模なナショナル・プロジェクトを挙国一致体制で行い、それによって国全体を豊かにしようという方法は従来からの発展途上国の社会開発のあり方と同じになっている。しかし、そのプロジェクトによって恩恵の大部分を受けるのは都会で、都会のために地方、とりわけ農民が犠牲になるという構図がすでに明らかになっている。この意味で言えば、南水北調プロジェクトの建設もその典型的な事例である。南水北調のための移民は「自願移民」（自ら移住を希望する住民）ではなく、社会開発のための「非自願移民」（自由意志ではないが移住せざるを得ない住民）である。もちろん、移住にあたって、移民の生産・生活・心理・長期にわたって形成された伝統文化・宗教信仰・社会慣習などは大きな衝撃を受け、見知らぬ土地での正常な生産と生活の回復にあたっては必然、衣食住・交通・医療・教育・就職などさまざまな面で困難に直面することとなる。したがって、こうした移住をめぐって、世界の人権組織やグリーンピースの運動などから「少なからず自由の奪われている重大な人権侵害」「環境破壊」とする批判が起きている。

実は、中国では、一九四九～一九九九年の五〇年間、八万個以上のダムを作り、そのための移民の総数は一二〇〇万人以上にものぼった。その歴史と現状を見てみると、分散して各地に移住した移民については、土地をめぐる現地住民との争いや見知らぬ土地から現地住民に追い出された事件が多発している。集団で一か所に移住した移民については、彼らは耕地が少なく自然条件も悪いため、生産の増加と生活の向上のどちらも進められておらず、その三分の一はいまだ貧困層に属し極めて厳しい生活を送っている。現在、移民の集団陳情と請願活動は活発になっている。こうした現実を見て、著者は、開発の影で故郷離れ・親戚離れの犠牲を強いられている多くの農民が本当に豊かになれるか、南水北調プロジェクトが彼らにとって本当に利益になるか、と問い続けている。

第四節　チベット高原の水を黄河へ

(一) チベット高原の引水プロジェクトと水の政治学

二〇世紀は領土紛争の時代だったが、二一世紀は水紛争の時代になるといわれているが、実際は現在、レバノン、イスラエル、シリア、ヨルダンといった中東地域において水不足問題の発生により、複数国の領域を貫流する河川をはじめとして上流・下流で水の利権をめぐって国際紛争がすでに起きている。南水北調は国際河川にかかわっておらず、利益の調整は主に中国の中央と地方、供水地域と受益地域間で行うことになっているが、究極的には将来、チベット高原にある河川から水を西北地域まで引く可能性がある。というのは一九九〇年代末から、「大西線調水工程」(「藏水北調」とも言う)、「紅旗河—西部調水工程」「藏水入疆工程」等名目のプロジェクトが中国国内で盛んに研究されているからである。[34] それはチベット高原のヤルツァンポ川(下流はブラマプトラ川、Brahmaputra River)、瀾滄江(下流はメコン川、Mekong River.)、怒江(下流はタンルウィン川、River Thanlwin or Salween)から水を新疆または黄河へ引く計画であるが、これらの川はすべて国際河川で、ベトナム・ラオス・カンボジア・タイ・ミャンマー・バング

河南省開封市付近の黄河　2005年8月　著者撮影

ラデシュ・インド諸国とつながっているため、この引水プロジェクトはインドシナ半島とインド半島の国際関係と緊密に関連する。したがって、水の安全保障（water security）を考えるときには、国ごとに考えるべきでなく、流域ごとに検討しそれについての協議と協力を強化すべきである。こうした情勢を考えると、人間社会の平和・発展ならびに人間と自然の共生を同時に実現させるためには、やはり河川流域の水量や水質に関する国際的な取り組みが必要となる。しかし、政治・経済の不安定化などの問題に比べて、この面においての国際協力の成果がまだ充分ではない。こうした現状を先取りして中国は一九九九年六月に雲南大学で国際河川の共同利用と管理に関する国際シンポジウムを開催して水環境と国際紛争の予防に向けた研究や国際河川の開発・管理に関する協力のあり方について初めて討議した。今後、国際河川や水の安全保障に関する「水の政治学」は大いに研究されるだろう。

(二)「水の世紀」の課題

一九九二年一二月、国連環境開発会議（UNCED, United Nations Conference on Environment and Development）の勧告により、国連総

会本会議は、翌一九九三年から毎年三月二二日を「世界水の日（World Day for Water）」とすることを決議した。この「世界水の日」が制定されたのは、一九八〇年代以来の人口増加や経済開発活動の拡大などにより、多くの国々において極めて深刻な水不足や水質汚濁の問題が頻繁に発生しており、水資源の安定供給の保障が大きな課題となっていること、また、河川水の使用権をめぐる国際紛争が発生していることなどがその背景にある。

二一世紀は水が重要な資源となる世紀である。この「水の世紀」において、人類はいかにして水を確保し、世界各地域の平和と発展を保つかは、緊急の課題となっているとともに、人間と自然との「協調」も大きな課題となっている。水の自然災害に関して言えば、洪水・旱魃であるが、それはアジア・モンスーン地域をはじめとする世界の多くの地域で、人命を奪い、人間の経済活動に大きな打撃を与えてきた。したがって、これまでわれわれは、基本的に、こうした過酷な自然と「戦い」ながら人間の生存と人類社会の発展を求めてきた。その結果、人類の文明は確かに発展しつつあるが、水をめぐる自然環境も同時に破壊されつつあり、世界各地で「水の危機」警報さえ出されている。これからは、社会のニーズに応じて水災害との「戦い」を続けていくだけではなく、「水資源のケア」を考える必要もある。われわれの考え方も「自然改造」から「自然共生」へと調整しなければならず、自然と共に生きる新しい人類の文明を再構築しなければならない。この意味で言えば、流域にまたがって水を引く世界最大の南水北調プロジェクトは、その試みの一つになるだろう。

南水北調は自然の水流を人為的に変更させる水利プロジェクトで、過去と同様、旱魃とそれによってもたらされた環境悪化の厳しい自然と「戦う」性格が強いのだが、実は南水北調は単なる水利プロジェクトだけではなく、水をめぐる環境保全などに緊密に関連するプロジェクトでもある。南水北調の実施にあたって、中国政府は「先節水後調水、先治汚後通水、先環保後用水」という方針を出し[35]、用水の節約、水質汚染の改善、水環境の保全を南水北調プロジェクトの大前提としている。こうしたプロジェクトを通して自然との共生ができるなら、南水北調の社会的意義はさらに大きい。南水北調に伴う南部の生態系・社会発展への損害を最大限に避け、北部の生態環境の再生と保全、社会経済の進歩と発展に利益をあげることは、中国社会の全体が安定かつ健全に発展するカギとなる。したがって、南水北調は現在「人間と自然の共生」についての大きな「試験場」となっており、その成敗は世界に注目されている。

水が重要な資源になるとともに、水管理の問題もますます重要視される。これまでわれわれは、水が自然の贈りものであって高価なものではないと考えており、政府の行政としての水管理も主に水利管理に重点を置いた。しかし、水の供給問題が日増しに深刻となっている現在、中国政府は南水北調プロジェクトの実施をきっかけに、「水が資源」という認識に改め、水管理の体制を改革しようとしている。具体的な改革案はまだできていないが、その骨子には中央の「統制」的水管理からある程度地方・企業に任せることや過度に安い水価格を是正したうえで市場ベースの価格メカニズムを確立することなどが含まれる。例えば、南水北調中央ルートの水管理に関しては最初に株式会社を作る。そして公共主導事業の性格や水質管理・安全保障などの分野で政府の介入が依然として必要だという視点から、中央政府は当該会社株主権利の六〇％、地方政府は四〇％を持つ。長江水利委員会は国家を代表して株主になるとともに、各地方政府は南水北調の水の需要量に応じて「水権」（水の使用権）を購入しその額に相応した出資金を出す。こうした水価格を含む水管理の改革は、経済的な観点から魅力的であって、その実施によって水資源の浪費と管理の不適切を是正する可能性もあるし、水を生産的・効果的に使用するインセンティブを作り出す可能性もある。この意味で言えば、南水北調に絡む水管理の改革は改革開放以来の中国の新しいチャレンジであり、また世界に注目される焦点の一つとなる。

●注

(1) 中国の北部は通常、華北地域を指すが、西北地域を含む場合もある。本書の「はしがき」にも触れたが、華北地域は北京・天津両市と河北、河南、山東、山西の四省を指すことが多いが、時代によって内モンゴル自治区が含まれたり河南省と山東省が含まれなかったり場合もある。西北地域は、陝西省、甘粛省、青海省、寧夏回族自治区、新疆ウイグル自治区といった地域を言う。西部大開発の西部は西南地域と上記の西北地域を指す。西南地域は重慶市、四川省、貴州省、雲南省、チベット自治区といった地域を指す。

(2)「中華人民共和国国民経済和社会発展第十個五年計劃綱要」(二〇〇一年三月一五日第九届全国人民代表大会第四次会議批准)『新華月報』二〇〇一年第四号。「南水北調工程、功在当代、利在千秋」『人民日報』(海外版)二〇〇一年三月八日。

(3) 著者の質問に対する元長江水利委員会主任林一山氏の回答書簡、二〇〇一年六月一七日。当時、氏は『林一山回憶録』(北京：方誌出版社、二〇〇四年)を執筆中だが、ご好意で初稿の一部を見せていただき、「三峡ダム」や南水北調プロジェクトについて毛沢東や周恩来らの水利戦略を理解できた。

(4) 王化雲「南水北調的宏偉理想」『紅旗』一九五九年第一七期。

(5) 中国水利年鑑編輯委員会『中国水利年鑑』(一九九〇年版)四五三頁。

(6) 都会で生活する共産党の幹部また知識人を工場や農村に派遣して一定の期間労働鍛錬させ、ブルジョア的思想を社会主義的思想に改造させることを指す。一九六〇年代から一九七〇年代初めまで行われた政治運動の一つである。

(7) 概要の大部分は以下の資料による。文伏波「南水北調与我国可持続発展」(中国工程院院士・長江水利委員会技術委員会主任文伏波氏提供)、「水利関係者『南水北調』について語る」、『北京週報』三六号、二〇〇〇年。"Debates on South-to-North Water Diversion Project," *BEIJING REVIEW*, No.35, Aug. 28, 2000.

（8）黄河支流である恰給弄と賈曲までの西ルートは雅礱江引水ルート（一三一キロメートル・全部トンネル）、通天河引水ルート（二八九キロメートル・二つのトンネル）、大渡河引水ルート（三〇キロメートル・トンネル二八・五キロメートル）の三本のサブ・ルートで構成され、その全長が四五〇キロメートル（内トンネル四四八・五キロメートル）に達する。

（9）著者の質問に対する「南水北調」および「藏水北調」提案者の一人・中国科学院地理科学与資源研究所陳伝友研究員の回答書簡、二〇〇一年五月二日。以下の資料も参考できる。陳伝友・肖才忠・王立「拓展南水北調中線方案的新思路」『科技導報』二〇〇〇年一一月号。楚貴峰「先中線、後東線、加強西線前期研究、南水北調分歩実施」（陳伝友研究員采訪録）『北京青年報』二〇〇〇年一〇月二八日。

（10）南水北調中線供水総公司籌備処辦公室編『水利部長江水利委員会南水北調中線工程簡報』（第一期）、二〇〇一年一月一五日。

（11）北京市水資源公報編委会『北京市水資源公報』、北京水務局、二〇一七年。

（12）汪恕誠「南水北調之道」『財経』二〇〇一年四月一六日。「水利関係者『南水北調』について語る」『北京週報』三六号、二〇〇〇年。“Debates on South-to-North Water Diversion Project,” *BEIJING REVIEW*, No.35, Aug. 28, 2000.

（13）著者宛て中国気象科学研究院副院長張家誠教授の書簡、二〇〇一年四月二三日。ほかに張家誠「我国南北水分条件的差異与南水北調」（『中国気象報』一九九九年一二月九日）、同「小水窖的啓示」（『中国気象報』二〇〇〇年六月一日）、同「関於水的矛盾与思考」（『中国気象報』二〇〇〇年九月七日）も参照。

（14）南水北調の三つの引水ルートがすでに確定された事実を見て、一部の研究者は政府主流の意見と相違なる声を出すことを控えはじめた。例えば、西ルート反対論の代表的研究者の一人は著者の問い合わせに書面で答え、「私は西ルートの建設が不必要であると主張しているが、東ルートと中央ルートの建設については終始賛成する」と表明した（著者宛て匿名希望者の書簡、二〇〇一年四月二七日）。

(15)「第五次全国人口普査快速匯総結果公布、中国総人口数達一二・九五三三億人」『人民日報』(海外版)二〇〇一年三月二九日。「『中国二一世紀人口与発展』白皮書」『人民日報』(海外版)二〇〇〇年一二月二〇日。

(16) 中国国家環境保護総局『中国環境状況公報』(各年版)。『中国青年報』一九九八年七月二一日。張汝翼・楊旭臨「黄河断流的歴史回顧与簡析」『人民黄河』一九九八年第一〇期。福嶌義宏『黄河断流——中国巨大河川をめぐる水と環境問題』昭和堂、二〇〇八年。「黄河崩壊——汚染と水不足の現実」『ナショナルジオグラフィック』二〇〇八年五月号。

(17) 二〇〇〇年以降、小浪底ダムの稼働により黄河の断流問題は基本的に解決された。

(18) 例えば、有名な「四社五村」のリーダー達は水量の少ない泉を関係村落へ放水する日数を次の通り決めていた。(旧暦の毎月)、南李荘社＝毎月の五～一二日(七日間)、義旺社＝毎月の一三～一六日(四日間)、孔澗村＝毎月の一七～一九日(三日間)、杏溝社＝毎月の二〇～二五日(六日間)、仇池社＝毎月の二六～翌月三日(八日間)。「洪霍沙窩峪四社五村団結渠水利管道管理制度」、二〇〇七年四月五日(杏溝社保存文)。

(19) 時代は明確ではないが、ある時、知府の監視の下で、熱い油鍋の中に一〇枚の古銭が投入され、両県の代表が素手でそれを掴む対決となった。掴んだ枚数は水の割り当てに相当する。最終的に趙城県が七枚、洪洞県が三枚を掴んだため、霍泉の水は趙城県に七割、洪洞県に三割と分流させることになった。現存する「分水亭」は一七二六年、清王朝の平陽知府によって造れたものである。なお、一九四〇年代に行われた満鉄の慣行調査の記録の中に「水争い」「水争いの仲裁」「水利紛争」「水の配分」「祈雨」などの記録が散見している(中国農村慣行調査刊行会編『中国農村慣行調査』第六巻、一～四五三頁、岩波書店、一九五八年)。

(20) 械闘は近代中国農村における集団暴力方式で係争問題の解決を図る方法である。それはカマや鋤のような農具を武器とし集団で組織的かつ大規模に行う暴力行為で、宗族間、村落間で行うケースが多く、重大な社会問題となる。小説『古井戸』の概要は次の通りである。山西省太行山にある老井村は、山に囲まれた石ころだらけの山村である。この村には生活に必要な水がない。村民の夢はいつか地下水の出る井戸を掘り当てることである。一七二五年前後から一九八二年までの二五〇余年間、同村は五〇人の命を失い、七八個の井戸も掘ったが、すべてで地下水を発見できなかった。一九六一年、井戸水の使用権をめぐって隣村の西坡井との械闘の最中に、またも二人の農民が命を失った。一九八二年、都会での生活に挫折して帰ってきた一青年が、村民を率いて機械で深い井戸を掘り始め、やっと成功した。鄭義『老井』海風出版社、台北、一九九一年。

(21) 読売新聞中国環境問題取材班『中国環境報告』(日中出版、一九九九年)三五～三六頁。

(22) 山西省の事例は「ヒ素汚染」(前掲『中国環境報告』一三三～一四〇頁)、「井戸水ヒ素中毒　ODAで救護へ」(『朝日新聞』二〇〇一年三月四日)等の記事参照。

(23)「北京の水危機とその対策」、『北京週報』四六号、二〇〇〇年。"Beijing Deep In Water Crisis," *BEIJING REVIEW*, No.46, Nov.13, 2000. 顔昌遠編『水恵京華──北京水利五十年』(中国水利水電出版社、北京、一九九九年)二三三頁。

(24) 二〇一七年末、北京市の地下水保有量と水位について言えば、一九九八年末より六七億立方メートル少なくなり、一三・〇九メール下がった、一九八〇年末より九八・八立方メートル少なくなり、一七・七三メートル下がった。一九六〇年初めより一一一・五億立方メートル少なくなり、二一・七八メートル下がった。同時期、北京市の常駐人口は二一七〇万人で、一人あたりの水資源はわずか一三七立方メートルとなってしまった。前掲『北京市水資源公報』、北京水務局、二〇一七年。

(25) 同上。前掲『水恵京華──北京水利五十年』二四四～二五五頁。

(26) 一九七〇年代、長江の年平均径流量は一兆立方メートルであったが、一九九〇年代には九六〇〇億立方メートルまで減ってきた。

(27)『湖北日報』二〇〇〇年一二月四日。南水北調中線供水総公司籌備処辦公室編『水利部長江水利委員会南水北調中線工程簡報』

（第一期）二〇〇一年一月一五日。

(28) 長江本流の水を引いて漢江の水不足を救済する意味。二〇〇一年一月、湖北省水電勘測設計院が担当した「引江済漢」プロジェクトの測量の一部はすでに完了した。南水北調中線供水総公司籌備処辦公室編『水利部長江水利委員会南水北調中線工程簡報』（第二期）二〇〇一年二月一五日。

(29) 中国の地勢が西高東低で、高さによって四段階に分けられる。第一段階目はチベット高原で、その平均海抜は四五〇〇メートルに達し、世界の最高・最大の高原であるといわれる。この高原の北端にある崑崙《クンルン》山脈・祁連《チーリェン》山脈と東端にある横断《ホントワン》山脈を越えると、地勢が急速に下降し、海抜一〇〇〇～二〇〇〇メートル前後あるいはそれより少し低くなる。これが第二段階目である。この段階の上には塔里木《タリム》盆地・四川盆地など有名な盆地と内モンゴル高原・黄土高原・雲貴高原など巨大な高原が分布している。第二段階からさらに東へ、大興安嶺《ターシンアンリン》山脈・太行《タイハン》山脈・巫山《ウーシャン》山脈などの線から沿海までは、地勢の大部分はすでに一〇〇〇メートル以下になる。これが第三段階目である。本章のなかで言及した黄淮平原や海河平原等はここにある。第三段階以東は、大陸が海洋に向かって延びた浅海区である。その水深は大体二〇〇メートルに及ばず、第四段階と言える。

(30) 二〇一二年五月、この地域に近い四川汶川大地震が発生、約七万人が死亡、一万八千人が行方不明、世界遺産も文化材にも大きな被害が出た。

(31) 水路経由の伝染病で毎年、数百万人が死亡していると国連衛生機関が報告している。長江上流の水を黄河上流へ流せ、そして黄河の上流から中流を経て下流まで流れるという役割をもつ西ルートはとても重要であるが、引水を経由する水汚染や伝染病の馬蹄形（U字形）の伝播を防ぐことは南水北調のもう一つの政治課題である。

(32) 丹江口ダム周辺の移民の実態について陳華平『見証――南水北調丹江口大移民紀実』、（新華出版社、二〇〇八年）の記述が詳しい。

(33) 二〇〇一年三月一日より施行された移民条例は一九九三年のそのものより改善されたものの、諸規定からは依然として大義名分への強制が窺える（「長江三峡工程建設移民条例」『新華月報』二〇〇一年第三号）。

(34) 賛成派と反対派の論戦は未だに続いている。

(35)「国務院召開南水北調工程座談会」『人民日報』（海外版）二〇〇〇年一〇月一六日。

第五章　農民の日本観：一九九五年

【調査手記】

●「以徳報怨＝徳をもって怨みに報いる」という蔣介石の対日政策は農民達が殆ど知らなかった。「戦争賠償のことを言えば、当時（一九四五年）、確かに賠償を要求すべきだった。しかし現在（一九九五年）、こんなことばかりを度々提起することは、よくないことだ」というのが農民の認識の一つ。

●中国においては、新聞やテレビなどのマスコミは中国共産党の代弁者として運営されているため、一般民衆の政治観が中国共産党あるいは中国政府と一体になっていると言える。

●一九七〇年代初期、私は、まだ小学生であったが、「もしソ連軍が侵入したら」という仮説のもとで、応戦準備に参加したことはまだ記憶に新しい。当時、私が通っていた山西省の一小学校では、教師も生徒も一体になって、五つの地下道を掘った。これらの地下道は防空壕や緊急避難用のものとして相互につながって、学校の地下から村より数百メートル離れた田畑までに延びていた。村民の各家でも、従来のサツマイモの貯蔵用の穴蔵を、応戦準備や緊急避難のために、もっと深く掘っておいたのである。対ソ関係の緊張は一九七二年のニクソン大統領訪中と田中角栄首相訪中を促した要因の一つであった。

●田中角栄と大平正芳は、日中国交正常化の日本側の最高政策決定者として、中国では津々浦々に知れわたっていると言えば少し言いすぎであるが、農民の間でも非常に有名であることは事実である。

第一節　戦後五〇年と戦争賠償認識

（一）一九九五年：節目の年

一九九五年は第二次世界大戦終結から五〇年目にあたる。これを機に中国国内でも諸外国でも各種の政治的な集会や、学術的なシンポジウムなどが開催され、さまざまな議論が展開された。これらの議論に参加するために、著者は、中国の一般民衆を対象にして、戦後日中関係史における若干の重要問題、日中関係の現在と将来などをテーマに華北の若干の地区でアンケート調査と聞き取り調査（インタビュー）を実施した。いうまでもなく、組織的な調査ではなく、単なる個人的な調査であるため、不十分な点があることは否めない。また限られた地区での調査という限界もある。しかし、こうした調査はまだなされていない点を考慮すると、その調査結果が不十分なものであったとしても、この分野の研究者に有益な参考資料になると考え、ここで先行研究を参考にしながらその調査結果をまとめて考察したい。

戦後、中国と日本の政治経済関係は、紆余曲折しながら展開し、これに関わった政治家も民間人も荊棘の道を歩んできた。過去の歴史認識を見直し、歴史に鑑み、現在ならびに未来の両国の関係が何に重点をおいて発展していくべきかを、一般民衆の声に耳を傾けた上で、今後の進むべき方向について参考にしたいというのが、著者の調査の主な目的であった。この調査は、河北省と山西省の都市および農村に住む二〇歳以上の男女を対象とした。調査方法と時期は次の通りである。

（A）聞き取り調査

調査時の様子　1994年12月　村民撮影

聞き取りは一九九四年一二月二四日～三〇日、一九九五年九月六日～一四日まで、二回わたって河北省欒城県孟董荘郷寺北柴村および北五里鋪で実施した。この調査が可能となったのは、東京にある中国農村慣行調査研究会が、文部科学省科学研究費補助金（国際学術研究）を受けて現地調査を行った際に、著者も協力者として参加したことに拠った。同研究会の目的は、一九四〇年代前半に満鉄調査部を中心にして実施された「中国農村慣行調査」の調査村を再調査し、革命以前の状況と現状とを比較することで、一九九〇年代までの五〇年間の農村変革の意義を考察することにあった。再調査では、村の歴史を記憶している高齢の村民や当時、農業とか各副業部門で活躍している各年齢層の男女農民や村の幹部からの聞き取り調査と世帯別アンケート調査および県の文献資料の収集などが行われた。

著者は現地の幹部や農民との折衝を担当すると共に、上記の活動に参加する傍ら戦後日中関係に関する聞き取り調査を、時間を見つけて行った。聞き取り調査にあたり、著者が自ら無作為に抽出した調査対象の一人一人に面接し、あらかじめ作成された質問票に基づいて、口頭で質問を行い、その回答を記入した。それと共に、回答者の状況に応じてなぜそう答えたのかを聞く場合もあった。少なくとも二〇人以上の農民にインタビューする予定であったが、時間的制約から一四人にとどまった（付録一参照）。

（B）アンケート調査

アンケート調査は上記聞き取り調査と同じ日程で河北省農村にて実施。その他、一九九五年元日から同年九月三〇日までの間、親戚や友人などに依頼して山西省太原市および運城市の近郊農村にて断続的に実施した。実施にあたり、アンケート調査票を六〇〇部配布し、五二六部を回収した（付録二参照）。

（二）戦争賠償問題に対する認識

本章の最初で指摘したように、一九九五年は第二次世界大戦終結の五〇周年であるとともに日清戦争（甲午戦争ともいう、一八九四〜一八九五年）終結の百周年でもある。この両戦争の戦後処理問題を比較してみよう。日清戦争後、清政府は、数年間にわたって日本に多額の賠償金を支払った。当時割譲された台湾は、日清戦争終了後五〇年目、すなわち一九四五年をもって中国に返還され、戦後処理の問題は全部解決した。一九九五年は日中戦争の終結からも五〇年目となったが、この戦後処理の問題はまだ山積のままである。その中で、最大のものは賠償問題である。一九七二年九月、日中国交正常化の交渉の過程で、中国政府はこの問題に関して、日本政府と話し合った結果、「日本国に対する戦争賠償の請求を放棄する」ことを宣言した[1]。この宣言によって両国間の賠償問題は公式的に解決済みとなったといわれている。当時の中国では、政府のこうした措置に対して異議や不満があったとしても、公然と反対の声をあげることは困難であった。文化大革命のもとで国家の外交政策は一般庶民の口出しできる問題ではなかったという客観情勢を考えると、これは当然のことだった[2]。

ところが、一九九〇年以降、中国の改革開放が順調に進められると共に、中国人の意識も開放的になり、賠償問題に対しても意見を公表するようになってきた。中国政府の対日賠償要求の放棄は政治家の政治判断によるものであり、必ずしも庶民の意思を代表したものではなかったとか、中国政府が放棄したのは戦争賠償だけで、「民間の受害賠償を放棄したことはない」などの意見が、[3]一般民衆の間には見られる。同時に、中国において受害賠償要求の請願や署名運動が始まり、直接日本政府あるいは関係企業に対して賠償要求を行う民間ベースの動きが公然と行われるようになった。賠償問題を徹底的に解決しない限り、日本の中国侵略戦争の罪を清算したと言うことができないという声も高まっている。この問題に慎重に対応せず、適切に解決することができなければ、今後の日中関係に何らかの影響を与えることは容易に想像できることであろう。

中国政府が対日賠償要求を放棄する意思を最初に表明したのは、日中共同声明ではなく、戦争終了直後の蔣介石の声明であった。一九四五年、対日賠償問題が最初に提起された時に、当時中国の一般民衆はこの問題をどう認識していたのか、賠償要求放棄をどう受けとめたのかは興味深い問題であり、今回、著者の調査の主要テーマの一つであった。

一九四五年八月一五日、昭和天皇の玉音放送後一時間足らずで、中国国民政府主席蔣介石は重慶で全国の軍民及び世界の人々に向けてラジオ演説を行い、対日処分の精神原則を次のように示した。[4]

わが中国の同胞は『旧悪を念わず』『人に善をなせ』という教えが、実にわが民族の伝統的な至高至貴の徳性であることを、よく知るべきである。われわれが一貫して声明してきたように、日本の好戦的な軍閥だけが敵であり、善良な日本人民は決して敵と認めないのである。いまや敵はわれわれ盟邦の協力によって、打倒された。われわれは当然、敵をして、厳密に、かつ忠実に、降伏条件を履行させねばならない。しかし、われわれは、敵に対して報復を企画すべきではなく、いわんや日本の無辜の人民に対しては、決して汚辱を加えてはならない。われわれは彼ら人民に対しては、ただその独裁軍閥に愚弄され、圧迫されたのを憐れむだけであり、彼らにその錯誤と罪悪とをよく自覚させ、それから脱却させるようにしたい。繰り返していうが、もし敵がかつて行った暴行に答えるに暴行をもってし、また敵がかつて誇った誤れる優越感に報いるに侮辱をもってするならば、それは、すなわち寃寃相報いて、永遠に止まるところがなく、これは決してわが仁義の師の目的とするところではない。これはわれわれ軍民、同胞の一人一人が今、特別な注意を払わなければならないことである。

この演説の中における「暴に報いるに暴をもってする勿れ」と提唱する旨は、後によくいわれる「以徳報怨＝徳をもって怨みに報いる」という対日政策原則の起源である。

当時、中国の政権を握っている官僚達はみな、蒋介石の「恩恵」が「日本国民を感激させるに充分なものだ」と一方的に推測していた。[5] しかし、実際には蒋介石のこの演説は日本で特に大きな反響を呼ぶことはなかった。それは中国の官僚達が期待したように日本国民がみな感激のあまり涙を流したというような記事が当時の日本の新聞や雑誌に見当たらないことによって明らかになったのである。したがつて、一部の日本の政治家が後に蒋介石個人に対して感謝の意を表し、外務省が強い関心を寄せたこと以外に、[6] 社会的反響はほとんど起こらなかったと言える。

当時の中国においても、一般民衆が蒋介石の演説に感動しなかったということが、一九九五年の調査から推測できる。調査では当時のラジオの役割を検証するために、まず回答者は「一九四五年日本降伏の情報を何から得たか」という質問を設けた（第一問）。この質問に回答した老人三五二人のうち、「他人から聞いて」、「ポスターを見て」と答えた人がそれぞれ六〇・八％、二七・八％いるのに対して、「ラジオを聞いて」と答えた人（四〇人）はわずか一一・四％だった。つまり、当時の政府にとっては、ラジオが最も重要な情報伝達手段の一つであったとしても、あまり普及していなかったため、民間ではそれを広く利用していなかったということである。

では、老人の回答者のうち、蒋介石のラジオ演説を聞いた人は何割いたか、当時どんな感想だったかについては、本調査で更に具体的に質問した（第二問）。その結果、八五・五％の回答者は当時このラジオ演説を聞いたことがなく、何らかのルートを通じて聞いたことがあると答えた人はわずか一四・五％だった。このわずかな回答者（三二人）のうち、蒋介石の「徳をもって怨みに報いる」という対日政策の原則が「正しい」と答えた人は一人しかいない、逆に、「正しくない」と答えた人は六八・八％を占めている。そのほかに、賠償のような重大な問題については、「よく検討の上、決定を下した方がいい」と答えた人が一二・五％だった。[7]「わからない」を選んだ人は一五・六％だった。

戦後の対日政策に関心をもつ中国民衆のうちの大多数が蒋介石の対日政策の原則に不賛成であったことが[8]、上記の調査から推断できよう。この点については、歴史的な資料と照合しても証明できる。最も明らかな事例を幾つか挙げてみる。

Ⅰ、一九四七年七月二〇日、民間の文化団体たる「亜東協会」は対日講和問題に関する会議を開催して、琉球群島の無条件返還、日本憲法の民主的原則に基づく修正、「天皇」の称号を「国王」と改称、米・ソ・英・中四大国平等の原則の下に執行機関を組織し、平和条約各条項の実施を監督するなどを提言した。[9]

Ⅱ、一九四七年九月二三日、国民参政会常設委員会において「対日講和条約建議案」が可決された。これは参政会の対日政策研究会の原案を基礎として制定した勧告案であって、その内に、天皇制の廃止、賠償取得の計算は参戦の長短及び公私の損失程度を基準とする、日本国内および海外の資産と工業設備はすべて賠償資産に繰り入れる、講和条約締結後、四大国により監督執行委員会を組織し、条約の履行を監督する、管理期間はとりあえず三〇年、日本が講和条約に違反したなら四大国による武力制裁を加える、講和条約の調印は中国（奉天）で行うなどが含まれている。[10]

Ⅲ、当時の民意代表機関である国民大会で可決された決議は最も典型的である。一九四八年四月二一日、国民大会は対日講和の決議を制定した。この決議は「徳をもって怨みに報いる」の精神と完全に反する対日政策の原則を表した。その主な内容には、政治の面においては、天皇制は日本軍国主義の中核であるため廃止する、平和民主政体を確立する、すべての民間秘密機関を解消するなどがある。経済の面においては、金属工業、化学工業などを主とする日本軍事工業の潜在力を徹底的に消滅する、日本の輸入物資はその種類、数量を厳重に統制して兵器製造原料の輸入を禁止するなどがある。賠償問題については、「生産工場主義」（即ち現金賠償を重視しない方針）をとって、国民の被害を標準とし、中国は賠償総額の五〇％以上を獲得するなどを主張していた。管理方針の面においては、日本の軍国主義思想を徹底して排除するため、米・ソ・英・中の四大国が日本を五〇年間管理する、同時に琉球諸島の問題については合理的な解決を行うなどが含まれている。[11]

しかし、全体的に見れば、当時の中国で対日賠償要求が盛んに行われていたとは言えない。要するに、ここで列挙したのは、「戦後の対日政策に大体関心をもつ中国民衆」または一部分の政府機関や都市の知識人の要求にすぎない。決して忘れてはいけないことは、当時、総じて言えば、中国一般庶民の賠償要求意識が薄かったことである。

賠償問題に関する著者の調査（第三問）結果によると、当時、日本が、中国並びに中国人個人に対して戦争で与えた損害や損失などを賠償しなければならないということを、「知っていた」（三・五％）あるいは「人から聞いたことがある」（四一・二％）と回答した者は、四四・七％いるが、当時、そのことを「知らなかった」者も三九・六％いるし、「今まで聞いたことがない」と答えた者も一五・七％いる。[12] つまり、当時の中国では、大体半数以上（五五・三％）の人が、賠償問題に関して何の知識ももっていなかったことが推論できることとなる。したがって、蔣介石が最後に対日賠償要求を放棄したのには、いろいろな理由や事情があったが、大多数の民衆が賠償問題についてまったく無知の状態であったため、その意見を考慮せずに個人の政治判断で決断してもかまわないということも、主な理由の一つと考えられる。一九七二年の日中国交正常化交渉の時点で、中国民衆の賠償問題に関する認識については、著者は、調査しなかったが、ただ賠償意識だけを言うと、以前とはあまり変わらなかったであろう。要するに、蔣介石の賠償要求権を自発的に放棄するとか、周恩来の賠償要求を放棄するとかのいずれにしても、政治家個人あるいは政治家グループの政治判断で決められたことで、民衆の意見を充分に聞いて決めたものでなかったのは確かである。

このような事情があったからこそ、一九九五年現在、賠償問題が新たに提起されて、民間賠償要求が動き出すと同時に、中国政府は民間の意見を尊重して、この動きに若干の抑制措置を取るという態度から、制限を加えない、ひいてはある程度支持するという方針まで意見を変えてきたのである。したがって、もし中国政府が支持の姿勢を引き続いて取っていけば、今後、対民間賠償要求の運動がさらに盛んに行われることとなるであろう。

他方、現在、庶民の間のもう一つの声も無視することができない。それは民間賠償要求を支持しないという声である。河北省の農村で、当時六五歳のある農民は著者に次のような考え方を示した。「中国は賠償要求しないと言ったことがあるから、再び要求してはいけない。それに、現在、両国は仲良くしているから、再び賠償を要求する口実が

調査票への回答　1995年1月

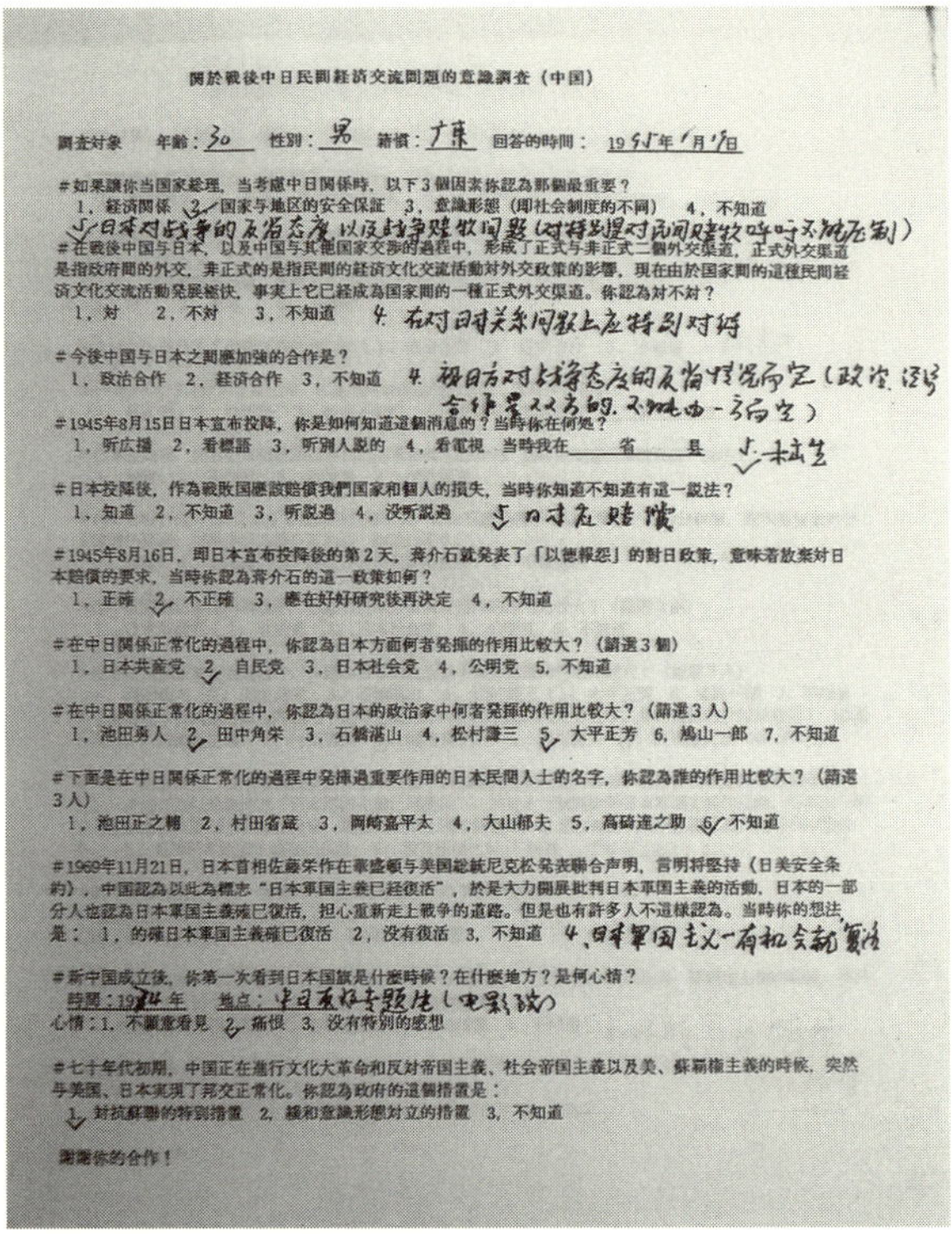

關於戰後中日民間経済交流問題的意識調査（中国）

調査対象　年齢：30　性別：男　籍慣：广東　回答的時間：19 95年1月　日

＃如果讓你当国家総理，当考慮中日関係時，以下3個因素你認為那個最重要？
1，経済関係　2，国家与地区的安全保証　3，意識形態（即社会制度的不同）　4，不知道

＃在戦後中国与日本，以及中国与其他国家交渉的過程中，形成了正式与非正式二個外交渠道，正式外交渠道是指政府間的外交，非正式的是指民間的経済文化交流活動対外交政策的影響，現在由於国家間的這種民間経済文化交流活動発展極快，事実上它已経成為国家間的一種正式外交渠道。你認為対不対？
1，対　2，不対　3，不知道

＃今後中国与日本之間應加強的合作是？
1，政治合作　2，経済合作　3，不知道

＃1945年8月15日日本宣布投降，你是如何知道這個消息的？当時你在何処？
1，听広播　2，看標語　3，听別人説的　4，看電視　当時我在＿＿省＿＿県

＃日本投降後，作為戦敗国應該賠償我們国家和個人的損失，当時你知道不知道有這一説法？
1，知道　2，不知道　3，听説過　4，没听説過

＃1945年8月16日，即日本宣布投降後的第2天，蒋介石就発表了「以徳報怨」的對日政策，意味着放棄対日本賠償的要求，当時你認為蒋介石的這一政策如何？
1，正確　2，不正確　3，應在好好研究後再決定　4，不知道

＃在中日関係正常化的過程中，你認為日本方面何者発揮的作用比較大？（請選3個）
1，日本共産党　2，自民党　3，日本社会党　4，公明党　5，不知道

＃在中日関係正常化的過程中，你認為日本的政治家中何者発揮的作用比較大？（請選3人）
1，池田勇人　2，田中角栄　3，石橋湛山　4，松村謙三　5，大平正芳　6，鳩山一郎　7，不知道

＃下面是在中日関係正常化的過程中発揮過重要作用的日本民間人士的名字，你認為誰的作用比較大？（請選3人）
1，池田正之輔　2，村田省蔵　3，岡崎嘉平太　4，大山郁夫　5，高碕達之助　6，不知道

＃1969年11月21日，日本首相佐藤栄作在華盛頓与美国総統尼克松発表聯合声明，言明将堅持《日美安全条約》，中国認為以此為標志“日本軍国主義已経復活”，於是大力開展批判日本軍国主義的活動，日本的一部分人也認為日本軍国主義確已復活，担心重新走上戦争的道路。但是也有許多人不這様認為。当時你的想法是：1，的確日本軍国主義確已復活　2，没有復活　3，不知道

＃新中国成立後，你第一次看到日本国旗是什麼時候？在什麼地方？是何心情？
時間：19　年　地点：
心情：1，不願意看見　2，痛恨　3，没有特別的感想

＃七十年代初期，中国正在進行文化大革命和反対帝国主義、社会帝国主義以及美、蘇覇権主義的時候，突然与美国、日本実現了邦交正常化。你認為政府的這個措置是：
1，対抗蘇聯的特別措置　2，緩和意識形態対立的措置　3，不知道

謝謝你的合作！

ないではないか。ただし、私個人としては、もし戦争終了直後にこの問題を聞かれたとすれば、やはり日本が中国に賠償金を支払った方が比較的適当だと思うと答えるだろう」[13]。

もう一人は次のように語った。「戦争賠償のことを言えば、当時、確かに賠償を要求すべきだった。しかし現在、こんなことばかりを度々提起することは、よくないことだと思う。それはすでに数十年前のことで、時間がたちすぎている。それに、実際に見れば、いい効果を生まない。（両国の関係は）前向きであるべきだ。歴史はただの歴史である。しかし、中国政府側から、（民間の）賠償要求を奨励するようなことはしない方がいいが、日本政府は、経済政策において中国に多くの優遇措置を与え補償に充てるようにすべきだ」[14]。

上記の調査と証言からわかるように、民間賠償を要求すべきでないという声は現在の中国では多数派になっていないものの、一種の意見として存在していることも事実である。

第二節　軍国主義復活への認識

日本の軍国主義は、第二次世界大戦の敗戦によって表面的には全部消滅されたが、その思想的基盤は徹底的に消滅されないまま、今後ふたたび侵略戦争を引き起こす恐れがあるというのが、中国政府の認識である。戦後、中国では、日本軍国主義の復活に対する警戒や批判が、日中の政治関係の推移につれて時には激烈に、また時には緩やかに行われるという違いはあったものの、絶えず行われてきた。ところが、一九七二年、全国で日本軍国主義復活への批判キャンペーンが行われる中、日中国交正常化が突然実現されたことは、一般民衆にとって、なかなか理解できない出来事であった。日本軍国主義がその時点でいったい復活していたかどうかが問題の中心となっている。要するに、もし中国政府の言う通りに「既に復活した」としたら、なぜ「復活した軍国主義の日本」と国交回復したのか、もし「復活していない」とすれば、なぜ大いに批判運動を発動したのか、という問題である。著者は一九九五年の調査で、中国民衆の考え方を問うことにした。調査の結果を分析する前に、まず中国で行われた日本軍国主義復活への批判運動の歴史を簡単に振り返っておきたい。

中国では、日本軍国主義の復活に対する批判運動は二つの段階に分けられ、そのつど必ずといってもいいほど、台湾問題や日米安保条約が言及されつづけたのである。中国が最初に正式に、日本の軍国主義が復活したという警鐘を鳴らしたのは岸信介内閣時代の一九五〇年代後半から一九六〇年代初めまでの間であった。岸内閣が登場してまもなく、岸信介は早くも「自衛権の範囲なら核兵器の保有も可能」（参院内閣委、一九五七年五月七日）と答弁するほどの軍拡を強く主張しており、東南アジア訪問の帰途、ことさら台湾に立ち寄り蔣介石の中国大陸反攻の支持までも表明した。このことから中国政府は「岸内閣の対外対内政策は、日本の独占資本グループの潜在的な帝国主義的野心をあますところなく反映しており、日本が軍国主義と帝国主義の旧い道へさらに一歩引きずりこまれつつある」と認識し、「この内閣は、一九四五年の日本降伏以来、もっとも反動的な内閣であり、それは、アメリカとの結託のとりわけつよい、もっとも侵略性に富む日本独占資本の巨額の利益を集中的に代表している」という結論を出した。(15)

一九六〇年一月、岸信介は日米安全保障条約を改定するために渡米した。その直前、中国外交部は、「これは日本の反動派とアメリカ帝国主義がたがいに結託して、新しい侵略と戦争を準備し、アジアと世界の平和をおびやかす極めて重大な段どりである」と指摘し、「日米軍事同盟条約の調印は、日本軍国主義がすでに復活したことのしるしであり、日本がすでにアメリカの侵略的な軍事ブロックに公然と参加したことのしるしである」と宣告した。(16)後に、マスコミでは、岸内閣の政策や軍国主義などの問題に絞って批判運動が行われたのであったが、その時、両国の関係は長崎国旗事件によって既に全面断絶状態になっていたため、中国側はこの問題を更に系統的に分析したが、大いに批判するキャンペーンまでには至らなかった。

第二の段階は、佐藤栄作内閣時代の一九六〇年代後半から一九七〇年代初めまでの間であった。一九六五年六月、佐藤内閣が韓国との間で、日韓基本条約と関係協定を調印した。一一月、国会での抜打ち的強行採決で発効に持ち込んだ。中国政府はこの条約が侵略的な軍事同盟条約であり、「朝鮮人民と日本人民に対する重大な挑発であるばかりでなく、中国人民とアジア各国人民に対する重大な挑発でもある」と指摘した。(17)その後、佐藤内閣は「自主防衛」の名のもとに、飛躍的に防衛力を強めていた。さらに、佐藤栄作は一九六七年九月に台湾で蔣介石と会談した。二年後の一九六九年一一月、彼は訪米、日米共同声明を発表して、「韓国の安全は日本自身の安全にとって緊要である」、「台湾地域における平和と安全の維持も日本の安全にとってきわめて重要な要素である」と表明した。(18)中国はこの表明は侵略の鉾先を公然と朝鮮、中国に向け、軍事的冒険をたくらむものであり、この日米会談は、アメリカ帝国主義の反革命戦略のなかで、日本反動派がアジアの憲兵としての役割を担い、中国、朝鮮、ベトナム、アジア各国人民を抑圧する急先鋒となることを示した、と激しく批判した[19]。

このような政治情勢のもとで、一九七〇年四月七日、周恩来と金日成は平壌で共同声明を発表して次のように指摘した。「アメリカ帝国主義の積極的庇護のもとで、日本軍国主義はすでに復活し、アジアの危険な侵略勢力となっている。彼らは、アメリカ帝国主義を後ろ盾とし、アメリカ帝国主義とグルになって、『大東亜共栄圏』の昔の夢をもう一度みようと、アジア人民を侵略する道を公然と歩みだしている」、「現在、日本反動派はアメリカ帝国主義の『新アジア政策』にもとづいて、国家のファッショ化と軍国主義化の実現に拍車をかけ、侵略的軍事力を急速に増強し、軍事基地を大量に増設し、戦争準備に拍車をかけ、それによって、対外拡張をはかっている。日本はすでに、アジアにおける新たな侵略戦争の前哨基地と拠点になっているのである[20]」。復活していた日本軍国主義がすでにアジアの危険な侵略勢力となっているという認識に基づいて、中国政府が出した日本政府に対する基本方針は次のようなものであった。「もしも日本軍国主義のこのような大それた陰謀を見過ごすなら、彼らは必ずアジアと世界の人民にもう一度大きな災をもたらすであろう。日本軍国主義に幻想をもってはならないし、どんな期待もかけてはならない。日本軍国主義の危険性を見てとることができないで、佐藤内閣と親交を結ぶことは、日本軍国主義の対外拡張を見過ごすことになり、アジアにおけるアメリカ帝国主義の地位を強めることになるのである[21]」。この方針に基づいて、四月一九日、周恩来は松村謙三、藤山愛一郎および覚書貿易の代表古井喜実、岡崎嘉平太、田川誠一等と会見した時、経済の面で日本軍国主義を牽制しようという目的を有する「対日貿易四原則」を持ち出した[22]。同年九月三日、抗日戦争勝利二五周年記念のため、『人民日報』、『解放軍報』が連合社説「復活した日本軍国主義を打倒しよう」を発表して、九項目をまとめ、日本軍国主義が既に復活した事実を論述すると共に、全国規模で批判キャンペーンを発動した[23]。

ちょうどこの批判運動の最中に、佐藤内閣が退陣して田中内閣が誕生した。田中内閣の中国政策は佐藤内閣と違っており、「親中華民国」の姿勢を捨てて、中華人民共和国との国交正常化に積極的に取り組んだが、佐藤内閣の対外政策、特に日米安保体制を一気に変更するまでにはいたらず部分的にはそれを忠実に継承していたのであった[24]。それにもかかわらず、中国は田中内閣成立後、直ちに日本軍国主義の復活に対する批判キャンペーンを当面手控え、下火にさせた。一九七二年九月、日中国交正常化実現後、中国は日中関係の「積極的」ないし「明るい」側面を前面に押し出しており、日本軍国主義復活に関する批判的論評は、このころには姿を消していた。日本の第四次防衛力整備五か年計画（一九七二年一〇月正式決定）に対しても、以前ならそれは自衛の範囲を超えた侵略的な軍備拡張であるとして非難の対象となるはずなのに、中国は全く沈黙していた。それと同様に、戦後日本の外交基軸である日米同盟に対しても批判は一切行わず、事実上、容認するようになったのである[25]。

上記の一連の出来事は一般民衆にとって確かに予想もできないことであった。多くの研究者はそれをどのように理解すべきかについてたびたび検討している。中国政府が当時、上記のような特別の措置を取った理由は、中ソ対立のもとで、ソ連の中国に対する侵攻の危険性の高まりに対処するため、アメリカカードや日本カードを使う必要があったためで、また日中国交正常化という有利な条件を基盤として両国の友好と諸交流をいっそう増進させるための配慮もあったことは、指摘されている。著者の調査は従来の分析視点から離れて、一般民衆から見れば、当時日本軍国主義が果たして復活していたかどうかに中心を置いて回答者の当時の考えを聞いた（第八問）。

この問題に対しては、回答者のうち、六四・三％の人が「確かに日本軍国主義は既に復活した」と答え、わずか一六・一%の人は「日本軍国主義は復活していない」と答えた。ここで説明したいことは、最初この質問は四〇歳以上の回答者を対象にして「一九六九年当時の考え」を知るために設定したものであったが、回答者の一部分はこの「当時」を無視して、答える資格がなくても現在（一九九五年）の考えで答えてくれた。したがって、ここで結論として、「六割以上の人が、当時の日本で確かに軍国主義は既に復活したと考えていた」というのは、当時その時点（一九六九年）での人々の考えでもあるし、一九九五年時点での考えでもあるのである。

アンケート調査と比較してインタビューの最大の利点の一つは、状況によって、回答者に追加質問をすることができるという点にある。聞き取り調査の時に、著者は「確かに日本軍国主義は既に復活した」を選んだある人にその理由を聞いた。回答者の一人は次のように語った。「当時、われわれ老百姓は、この問題に対しては実はよくわからなかった。われわれは、日本の軍事費支出がいくらかさえも知らなかった。新聞は日本軍国主義が既に復活したと言っているから、われわれは当然信じることにした。ところが、日中両国がまもなく関係正常化を実現した点から見れば、日本軍国主義が復活していないと思った。そうでなければ、軍国主義の日本と友好関係を結ぶはずがないのではなかろうか？[26]」。ここからわかるように、民衆の政治意識は、一般的に言えばマスコミから得たものである。中国においては、新聞やラジオやテレビなどのマスコミは党の代弁者として運営されているため、一般民衆の政治観が中国共産党あるいは中国政府と一体になっていることは、極めて自然なことであると言えよう。

日中国交正常化以後、中国が日本軍国主義の復活に対し大いに批判することを突然中断したのは、関係の良い時期に「明るい面」だけを強調、「暗い面」をあまりいわないという中国の政治慣行と合致したものであるが、中国人が日本軍国主義の危険性について、従来もっていた見方が変わったということは意味していない。ある回答者はアンケート用紙の余白に、「日本軍国主義は機会があれば復活する」と書いて注意を呼びかけた[27]。確かに、第二次世界大戦終了以来、日本国内に軍国主義の勢力が終始存在している。それに、それを発展させようとしている人がいないとは言えない。そのような人がいても、全国的に見ればほんのわずかであるから、われわれは、過去のように簡単に日本軍国主義が復活したと断言して批判すべきではないが、それを無視あるいは軽視すべきでもないだろう。

第三節　米中・日中間の歴史和解と民間の役割

(一) 米中関係の改善と日中国交正常化

一九七二年、ニクソン大統領の訪中による米中関係の改善（二月）・田中角栄総理大臣の訪中による日中国交正常化（九月）の実現は、中国とアメリカ・日本との間に政府レベルの歴史的和解に向けての一大外交努力であったが[28]、ソ連に対抗する中国側の特別な措置の一つでもあった。この歴史的事実は学界でよく知られている[29]。ところが、これは研究者の見解であるため、一般民衆の見方と一致するかどうかは簡単には判断できないところであった。本調査は一九七〇年代の初め、中国が帝国主義や社会帝国主義および米ソ覇権主義に反対するキャンペーン中にもかかわらず、突然、米国、日本との歴史和解を人々の予想をはるかに超えるスピードで実現したことに対して回答者の認識を測った（第九問）。調査結果によると、六五％の回答者がこれは中国の「ソ連に対抗する特別な措置」と答え、二七・六％の人はこれが中国の「イデオロギーの対立を緩和する適当な措置」と答えた。つまり、この問題に対して、中国の一般民衆の見解が研究者の意見とほぼ一致していることが、今回の調査から推測できよう。

ただし、上記のような見解は彼らが当時の国際情勢を見て得た見解ではなくて、まさに庶民の「実感」であったといえよう。周知のように、中ソ関係の悪化は、最初は両国の執政党（与党）である共産党の意見対立から始まり、ついに党の関係から国家間の関係に波及したものであった。一九六九年三月、珍宝島（ダマンスキー島）における武力衝突をきっかけにして、中ソ間の緊張は一気に高まった。ソ連軍が中ソ・中モ（モンゴル）国境付近に集結して、中国への攻撃を準備していたかどうかに関わらず、中国がソ連の軍事力の強大さを痛感させられたことは、事実であった。その後、中国が緊張緩和を強く求めて、一九六九年九月周恩来とコスイギンとの間で会談が行われたが、両国の緊張関係が緩和したとは言えなかった。一九七〇年以降、中ソ関係はさらに険悪の度を増した。一九七二年一〇月、中国は、「ソ連裏切者集団は、古株の帝国主義よりも大きな欺瞞性をもっており、したがって一層危険である」と断言するに至ったのである。(30) 換言すれば、中国のリーダー達は、ソ連が旧式な帝国主義諸国よりも危険な存在であり、「ナンバーワンの敵」であると公式に宣言したことになる。

このような現状認識に基づいて、中国は国内における反ソキャンペーンと応戦準備とを大々的に行っていた。その時点で、著者はまだ小学生であったが、「もしソ連軍が侵入したら」という仮説のもとで、応戦準備に参加したことはまだ記憶に新しい。当時、著者が通っていた小学校（山西省の一学校）では、教師も生徒も一体になって、五つの地下道を掘った。これらの地下道は防空壕や緊急避難用のものとして相互につながって、学校の地下から村より数百メートル離れた田畑までに延びていた。村民の各家でも、従来のサツマイモの貯蔵用の穴蔵を、応戦準備や緊急避難のために、もっと深く掘っておいたのである。このようなやり方は、全国一斉に行われたとは言えないが、少なくとも中ソ・中モ（主に中国とモンゴル）国境に近い地域では、このように行ったのであろう。要するに、当時、中国はソ連が大規模な軍事行動を進め、中国への攻撃を行う可能性が充分あり得るという危機意識をもって、ソ連の侵攻に備えざるを得なかったのである。中国政府が米中関係の緩和、日中国交正常化を通じて達成しようとする政策意図は、ソ連に対抗する、あるいは、ソ連を牽制することにある、との一般民衆の認識の源流は、ここにあったのではないかと、著者は考えている。

(二) 民間外交の役割に対する認識

国交正常化に至る前の日中両国の関係には、政府間に公式な外交関係や交渉・対話ルートが存在しなかった。経済と文化を中心とした交流活動を行ってきた民間人や与野党の政治家などはさまざまな民間ルートを通じて、両国間の問題を間接的に解決しなければならなかった。よって、彼らは不可避的にその特殊な時代の両国の交渉の中核を担うこととなった。それゆえに、彼らの経済活動や非公式外交活動が日本の対中政策の決定に大きな影響を及ぼしてきたといわれている。彼らの歴史的貢献について、中国の庶民がどのくらい知っているかは、著者の調査の主旨の一つであった。

日本は政党政治を行っている国であるため、政治の中で「議員外交」の占める位置は重要である。戦後、国会で活躍していた各党派の議員は、日中関係の発展の過程でさまざまな役割を果たした。当時の日本社会党は野党外交を通じて[31]、日中両国間の接触と交流を推進した。長期にわたって与党の地位を占めていた自民党の内部では、中国問題については従来二つの派に分かれ、中国派、台湾派のいずれも、一種の圧力団体として、世論あるいはマスメディアを通じて、政府の対中政策の決定に大きな影響を及ぼしたのであった。その中で、中国との外交関係の回復を主張していた自民党議員は社会党、公明党などと一致して、中国問題において党派の利益を超えて、「超党派外交」を展開した。それでは、中国の民衆は、日中国交回復の過程における日本の各党派の役割をどう見ているのであろうか。

「あなたは、日中国交正常化のプロセスの中で、日本のどの政党が比較的大きな役割を果たしたと思うか」という質問に対して、五四〇名の被調査者は政党リストの中からそれぞれ二つを選んだ。結局、二五・七%(二七八票)の回答者は「わからない」と答えた。わかっている者のうち、「自民党」と「日本社会党」と答えた人はそれぞれ二五・四％（二七四票）、二四・六％（二六六票）を占めていて、両党が日中国交正常化の過程で最大の役割を果たしたと認められているようである。「公明党」と「民社党」と回答した者はそれぞれ八・一％（八七票）、五・八％（六三票）いるが、知っている人はあまり多くないと言える。

ここで注目すべきことは、日本共産党を選んだ回答者が一〇・四％（一一二票）も占めていたことである。つまり、一般の庶民から見れば、日本共産党が日中国交正常化の過程の中（回答者はこの過程を一九七一～一九七二年国交回復の最後の段階のことと考えたらしい）で、自民党と日本社会党に次ぐ重要な役割を果たしたように見えていることである。これは事実と少し食い違っている。周知のように、中国共産党と日本共産党は、最初、互いを革命政党とみなして、兄弟党としての関係を結んでいたが、一九六六年、ベトナムの人民戦争支援のあり方をめぐって意見対立し、これをきっかけに、両党間の論争は、マルクス・レーニン主義にもとづく革命政党としての資格そのものを否定しあうことになり、兄弟党としての関係も全面断絶するところまで悪化してしまった。一九七〇年代、日本共産党が、自民党、日本社会党と同じように日中国交回復を積極的に主張したと言っても[32]、その時点で両党間の関係はまだ回復していなかったため、何の政治行動もしていなかったというのが事実である。上記の結果が出た理由は、一般民衆がこの歴史事実をあまりよく知らなかったことにあると考えられる。聞き取り調査の時に、著者は日本共産党を選択したある農民に、そのわけを聞いた。その農民は次のように答えた。「はっきり言って、私はよくわからない。けれど、日本共産党は、わが国の党（の主義）と同じだから、協力してくれたなあと思っています[33]」。かなりの回答者が彼と同じような考えで日本共産党を選んだのではなかろうか。

最大の役割を果たしたと思われる自民党の中で、誰がその担い手だったかについて、著者は引き続き質問し、六八人

（うち五人は元首相）の名前をあげてそれぞれ三つの選択を依頼した。これに対して、「わからない」（一六二〇票のうち五一〇票、三一・五％）と答えた回答者以外に、よく知られる人物は田中角栄（五四六票、三三・七％）、大平正芳（四四一票、二七・二％）、松村謙三（六九票、四・三％）、鳩山一郎（二三票、一・四％）、池田勇人（一七票、一・〇％）、石橋湛山（一五票、〇・九％）という順になっている。田中角栄と大平正芳は、日中国交正常化の日本側の最高政策決定者として、中国では津々浦々に知れわたっていると言えば少し言いすぎであるが、農民の間でも非常に有名であることは事実である。松村謙三は一九六〇年代から一九七〇年代の初めまで、「日中総連絡」の日本側の最高責任者と称されて[34]、極めて重大な貢献がある人物であった。総理大臣や外務大臣のポストに就かなかった外国政治家としては、かなりの知名度をもっていると言えよう。

極めて当然であるが、日中国交正常化は、日中両国民衆の長年にわたる努力の結果であると中国側は見ている。ところが、中国の一般庶民は民間人の役割についてほとんど知らないと言ってもよい。著者の日本側民間人あるいは非公式な折衝者の知名度に関する調査によると、池田正之輔、村田省蔵、高碕達之助、古井喜実、岡崎嘉平太を選んだ回答者はそれぞれ一・二％（一六二〇票のうち一九票）、一・五％（二四票）、二・一％（三四票）、五・七％（九二票）、五・四％（八八票）を占めているが、「わからない」と答えた人は、八四・一％（一三六三票）も占めている、つまり九割近くの人はこの問題に対して全く無知のままである。さて、古井喜実と岡崎嘉平太が比較的に知られているのは、二人の名前が時々新聞に出ていたことと、本人の著作物も中国語で出版されたためと考えられる[35]。

民間人の役割について九割近くの回答者が「わからない」と答えたのは、彼らは民間人が「何の役割も果たしていない」と見ているのではなく、新しい研究成果があまり社会に還元されていないことを示している。周知のように、戦後、中国と日本及びその他の国々との交渉のプロセスの中で、公式と非公式との二つの外交ルートが形成された。

政府の外交政策に影響を及ぼすに到る民間の経済や文化交流などの非公式ルートが盛んに使われて有効な成果を生んでいる。したがって、この民間あるいは非公式なルートは、すでに国家間の公式な外交ルートの一つになったといわれている。本調査ではこの評価に対する回答者の意見を聞いた。その結果は、五四〇名の回答者のうちに、四〇・〇％の人（二一六人）が「正しい」と答え、五六・一％の人（三〇三人）が「正しくない」と答えた。民間人の役割をよく理解している人々はまだ少ないが、先進国間の貿易摩擦の交渉における民間人の役割が重視されるようになっていることから見れば[36]、今後注目する人が増えていくだろう。著者は河北の農村でインタビューする時に、ある人が「政府の外交ルートにせよ、民間の外交ルートにせよ、いずれにせよ、実は一体のものだ。政府は人民の基礎の上に建てられたものであり、人民の意思を反映するものであるからだ。（中略）また、政府の役員も人民に選出された者だ」と言うのを聞いた[37]。中国の政治体制の下でこれもある意味で言えば正しい解釈であろう。

対外交渉における民間人の役割がますます重要となりつつある一方、一般民衆がそれに対してまったく無知の状態であるのが現状である。一体、民間人は戦後日中政治外交過程の各段階においてどんな役割を果したのか、これからどんな任務を担当すべきかを、今後の外交研究や経済研究において十分に注意した上で、検討してゆかなければならないというのが、今回の調査から得た研究課題の一つである[38]。

第四節　戦争と対日感情の形成

戦後五〇年、日本は経済的繁栄を基盤に平和国家の道を歩み、「経済大国」と呼ばれるようになった。それに伴って、世界各国の対日感情は一変し、侵略者や廃墟の国から、羨ましがられる奇跡のある国へ変わりつつある。ところが、NHK世論調査部の調査によると、一九九〇年代でも、三人に一人の日本人が、日本が国際社会から「信頼されていないらしい」と見ていることがわかる(39)。その理由は「ものごとをはっきりさせないから」、「経済力が世界に脅威を与えているから」、「よその国の富や資源を吸いて上げているから」、「市場が閉鎖的だから」、「働き過ぎだから」、「よその国の文化を尊重していないから」、「よその国の技術をすぐ利用するから」などとされているが、「戦争への反省がたりないから」ということもその理由の一つであった(40)。つまり日本人自身から見ても、過去の戦争の影は、まだ各国の人々の対日イメージの再形成に一定の影響を与えていると思われている。

国旗は国の象徴である。一般的に言えば、その国が好きであれば、その国の国旗にも好感をもつであろう。しかし、日本の侵略によって大きな被害を受けた中国の人々にとっては、日本と日本の国旗に対する感情は少し違っている。現在、中国においては、今の日本が好き、一度日本へ旅行に行ってみたいと言う人がたくさんいるにもかかわらず、日本の国旗「日の丸」(法律上は「日章旗」と呼ばれる)が好きと言う人はかなり珍しいとよくいわれる。それでは、中国の民衆の「日の丸」に対する感情はどうであろうか。

著者の調査はまず五四〇名の回答者に一九四九年中華人民共和国樹立以来、「日の丸」の現物を見たことがあるかどうかを尋ねた。その結果は、次のようになっている。大部分の回答者(三八四人、六四・四%)が日本の国旗の現物を見たことがなかったのに対して、三五・六%(一九二人)の回答者が見たことがあると言っている。見たことがある人が、「三五・六%しかいない」と読むか「三五・六%もいる」と読むかはともかく、この数値は著者にとって意外であった。なぜならば、一九九五年当時、中国において日本の駐在機関や催しがたくさんあって国旗をかける機会が多い(八三・八%は一九七〇年代以降になってから見られたと言う)と言っても、「日の丸」の「現物」を見たことのある人は、どうしても三割以下になるはずだと思うからである。また、もし「現物」だけではなく、映画や書物などで見た人を含めれば、少なくとも六割以上、恐らくは八、九割になってもおかしくないと思われるからである。外国の国旗と言えば、中国人の中で、日本の「日の丸」は、どの国の国旗よりも有名で、誰もがよく知っているであろう。上記の結果となったのは、たぶん回答者の一部分は、質問の中の「映画や書刊などを除いて」という一言に気づいていなかったためであろう。

たとえ上記の比率が正確さに欠けるとしても、回答者が日本の国旗を見た最初の気持ちを分析する作業には障害がない。極めて驚いたことは、「日の丸」が「現物」か否かにかかわらず、とにかく見たことがあると言った一九二人のうち、「見たくない」という気持ちをもっていた人は四〇・一％（七七人）で、「ひどく恨む」という気持ちをもっていた人が四九・〇％（九四人）いるということである。つまり九割近くの人は、「日の丸」に対して嫌いか少なくとも好まないかの感情をもっていたことがわかった。現在、外交において、かつてのように日中関係の「特殊性」を強調するのではなく他の国々と同じようにつき合う時期になったという声もあるが、他国の国旗と同じように見て、「特別な感情」をもっていない中国の回答者がわずか一〇・九％（二一人）ということから見ても、やはりこの「特殊性」は無視することができないであろう。「（「日の丸」を見た時）どんな心情だったかは言いにくいけれど、ほかの国の国旗を見た気持ちと同じではなかったことは確かだ」(41)。これはある農民の証言であるが、上記の結論を確証することができるものである。

多くの中国人が「日の丸」に好ましくない感情をもっていることの原因としては、第一に、日本の侵略戦争によって国土が荒廃し、軍人はもとより一般庶民にまでおびただしい数の犠牲者や被害者が出たこと、第二に、中国では、いまでも映画やテレビでしばしば抗日戦争が題材に取り上げられていることによるものと思われる。戦争当時、日本軍がいるところ必ず「日の丸」または軍旗「旭日旗」が掲げられたために、日本軍の残虐行為が戦争被害者の意識の中では必ず日本の国旗と結びつけられることになった。

一九九五年の調査が行われた河北省欒城県の実例を挙げよう。一九三七年一〇月一一日、日本軍北支那方面軍の荒井大佐部隊は石家荘から出動、一気に欒城県の県城を占領した。その直前に欒城県に駐屯していた国民党第三二軍の商震の部隊はすでに撤退しており、県長孫紹興も脱出していた。侵入した日本軍は無血占領にもかかわらず、県城内および付近村落の住民を一六人殺害、五名の婦女を凌辱、龍岡書院と明倫堂に放火、焼失させた。一九三八年一月、馬玉堂の抗日義勇軍は南高村の日本軍を攻撃して大きな損害を与えたが、その復讐として無辜の村民三〇余人が殺害され、四八〇間の家屋が焼失させられた。その後、日本軍による村民殺害、村落の放火、婦女凌辱の事件や青壮年男子の強制連行などが相次ぎ発生した。私がインタビューしたある婦人の義弟がその時に炭鉱労働のため日本に連行されたが、未だ生死不明のままである。[42] このような歴史的背景からして、著者のインタビューに応じてくれた高齢の農民たちは、「日の丸」に好ましくない感情をもっていることは当然のことであろう。したがって、戦争中の「日の丸」が中国人の精神構造に及ぼした影響は計り知れないほど大きく、戦争終了後、既に五〇年が経過した一九九〇年代においても、中国人の日本に対する感情や見方にさまざまな影響を与えていると言える。一方、日本においても、「第二次大戦中には、「日の丸」は『特攻隊』やその他の悲劇のシンボルとしても使われたため、戦争中の不幸な記憶と結び付き、国旗としてふさわしくないと考える人もいます」という。[43] 故に、過去の戦争に対する記憶は、時の経過の中で、中国人にとっても、日本人にとっても、全体から言えば薄らいではいるものの、すべての人にとって完全に過去の出来事になってしまっているわけではないと言えるだろう。

第五節　経済協力への期待

歴史や人的交流の面から言うと、日本は世界のどの国よりも、中国との関係が深い国である。過去数百年の歴史を振り返ってみると、両国の間に敵対の時期もあれば、友好の時期もあった。一九七二年国交正常化から一九九五年までの二〇数年の歴史を見ても同様、「子々孫々的友好」のエピソードもあれば、疑心暗鬼の時期もあったであろう。一九八〇年代以降、中国の改革開放が順調に行われると共に、経済力も急速に増長し、台湾海峡両岸の統一も強く望むようになった。これを背景にして、中国政府は東シナ海でミサイル演習を実施したり、南沙群島（スプラトリー諸島）へ軍艦または海警船をパトロールに派遣したりした。中国の経済力の躍進や軍事力の増強、政治的な意味のある軍事行動に対して、日本の一部のマスコミやジャーナリストが「中国脅威論」を盛んに主張した。断続的に実施してきた中国の核実験に対しても、彼らは対中警戒の懸念をさらに強め、台頭した「脅威論」をいっそう昂進させた。このような論議は全般的な世論ではないが、一般民衆の深層心理のなかに浸透していく可能性が充分あり、中国の立場から言えば、この中国に対する「不信感」をなくすように適当な方策を取って努力する必要がある。(44)

一方、政治大国を指向しアジアをリードしていこうという日本の政治的意図や、日本政治の右傾化などを懸念している人は、中国にもいるが、全般的に言えば、中国の一般民衆は両国の体制・国益・国益追求の戦略方策などの違いを乗り越えて、経済面でよく協力することを期待している。これは一九九五年の著者の調査結果から判断したものである。著者の調査は、冷戦終了後で世界大戦勃発の可能性がほとんどないという国際環境のもとで、日中関係を考慮する際、一番重要な要素は何か、を五四〇人の回答者に尋ねたものである。統計結果によると、六四・一％（三四六人）の回答者は、「経済関係」と答え、三五・九％（一九四人）の回答者は「国家と地区の安全保障」と答えた。経済交流を強めて両国の関係を密にすることを望むというのが、中国民衆の願望であると言える。ここで注目に値することは、第一に「わからない」と答えた回答者は一人もなく、第二に「イデオロギー」と答えた回答者も一人もいないことである。第一に対しては、ごく普通の人でも、日中関係の重要性については関心をもっていると解釈することができるだろう。しかし、第二の点について、「イデオロギー」を重要視した人もいなかったことは、著者にとって驚きであり、イデオロギー教育を受けてきた中国人の考え方が大きく変化したことを物語っている。

周知のように、第二次世界大戦終了後の一九四〇年代半ばから一九七〇年代初期にいたるまでの二〇数年間の国際関係の最大の特徴の一つは、目に見えない超権威的力としてのイデオロギーが各国の政治外交関係に極めて大きな影響を与えたことであった。東西陣営の対立とは、イデオロギーによって形成されたものであり、各陣営内部の分裂あるいは分化もイデオロギーに対する理解や態度の違いによって引き起こされたものである。日中両国はそれぞれ別の陣営に属したため、大ざっぱに言えば、一九七〇年代までに、両国の政治外交関係が左右された主なファクターは、基本的にイデオロギーの違いであった。

一九九五年時の三〇～五〇歳の中国人は、イデオロギー色が強い雰囲気の中で教育され、成長してきており、五〇歳以上の人も長年、同じ政治教育を受けてきた。この点を考えると、「日中関係を考慮する際、イデオロギーは一番重要な要素だ」と答えた回答者が一人もいないことは、大変意外な結果であった。確かに、一九七〇年代以降、特に一九八〇年代後半以降、国家間のイデオロギーの対立は明らかに緩和され、経済上の利益は、一国の対外政策決定のプロセスの中で、ますます主要な地位を占めることとなってきたことは、一般民衆にもよくわかっている。したがって、一九八九年の天安門事件後の数年間、世界唯一の社会主義大国を自慢する中国は時々、資本主義の「平和演変」

への対抗を意識してイデオロギーの重要性を強調したこともあったが、やはり時代が変わり、人々は経済の問題を重視するようになった。ある五七歳の農民は対日政策の時代性を明確に語った。「以前、日中関係を考慮する時には、安全保証を第一位におくべきであったが、日本の中国侵略はすでに過去の事であるため、現在では、やはり経済関係の方が比較的重要だと思う[45]」。

時代の流れを把握して今後相当長い間、経済関係を中心にして両国の関係を全面的に発展させていくことが大衆の共通認識であることが明らかになった。では、アジアひいては太平洋地域の繁栄と平和のために、今後中国は日本と何に重点をおいて協力し合うべきかという質問について、ある回答者はアンケート用紙の余白に「それは日本の戦争に対する反省の態度および戦争賠償問題の態度（特に民間賠償の要求を抑制しない）によるべきだ」と書いて戦争の影響も考慮すべきだと提言したが[46]、全体から見れば、五四〇人のうち四三九人、すなわち八一・三％の極めて多くの回答者は、今後中国と日本との間で「経済協力」を強めるべきだと答えた。著者の設定した「政治協力」という言葉は少し曖昧だと思うが、それを強めるべきだと答えた回答者はわずか一一・九％（六四人）であった。ここからわかるように、多くの中国人は、日本との経済交流を強く望んでおり、互いの協力関係を通じて、アジア・太平洋地域において日中両国の地位と役割をいっそう際立たせることを、大きく期待している。

今後両国の関係について、著者の提示した「政治協力」か「経済協力」かの選択より、回答者が自分の考えを自由に示した場合が度々あった。一人の農民は著者に次のように語った。「わたしは中国と日本がもっと仲良くすべきだと思う。お互いに友好的になるべきだ。経済の交流も大いに行うべきだ。どんなことがあっても戦ってはいけない。戦争が起こったら、中国と日本と両方とも損害を受ける。一個の砲弾はいくらか？　人間が一人死んだらいくらか？　数え切れないのだ。ひとこと言えば、戦争が起こったら、最大の被害者は我々老百姓だ。田畑も農作物も荒れ果ててしまうからだ。われわれ老百姓が望むのは天下太平だ。みんなでいい方法を講じるべきだ。もしその方法を通じて両国の関係をますます仲良くしていくことができれば、両国のどちらにとってもいいことだろう」[47]。素朴ではあるが率直なこの話は著者を感動させた。これは日本国内において「朝鮮半島または台湾海峡有事の場合、日米安保はどうなるか」、「中国の軍事力は、日本にとって脅威だ」などと度々主張する人々の発想と、あまりにも対照的であろう。

戦後の日中関係は、アジア地域の国際関係の中で基軸としての重要性をもっている。中国人あるいは日本人が互いに相手の社会をどう見ているのか、国際社会とどう関わっていこうとしているのかは、当然ながらさまざまである。しかしながら、両国のどちらにとっても、とにかく政治的・軍事的透明性を確保しあい、経済面で誠心誠意な協力を行い、庶民生活の向上をいっそう図ることが、一般民衆の最大の願望である。このことが戦後五〇年にあたる一九九五年の調査を通しての著者の感想であり、日中関係を深めてゆくための「鍵」となるものであろうと考えている。

●注

(1)「日本政府と中華人民共和国政府の共同声明」竹内実編『日中国交基本文献集』下巻、一八九頁、蒼蒼社、一九九三年。

(2) 一九九五年九月、ある大学の七〇歳くらいの教授が著者の質問に答えて次のように語った。「日中共同声明発表後、中国の戦争賠償要求放棄に対して、多くの知識人が不満をもっていた。みんなひそかに議論していたが、公然とはいわなかった。当時、知識人は数回の政治運動を経験して国政に対する異論を出す勇気が既になくなっていたからだ」。また、他の政治評論家によると、中国政府が対日賠償要求を放棄したことは、海外の華僑の強烈な不満を買った(馮覚非「国共相煎不已、日本沾尽便宜」、『明報月刊』一九九五年九月号)。

（3）国際法によれば、戦後賠償は「戦争賠償」と「受害賠償」の二つの形式に分けられる。前者は政府間で、後者は「侵略者が戦争法規や人道原則に違反して、他国の国民と財産に重大な損害をあたえて実行しなければならない賠償」であるという（小島朋之編「アジア時代の日中関係』一五頁、サイマル出版会、一九九五年）。民間レベルの賠償要求運動と初めての和解のモデル・ケースについては、李恩民「市民運動と日中歴史和解」（黒沢文貴、イアン・ニッシュ編『歴史と和解』東京大学出版会、二〇一一年、所収）を参照されたい。

（4）中華民国外交問題研究会編『金山和約與中日和約的関係』二〜三頁、中華民国外交問題研究会印行、台北、一九六六年。

（5）何應欽『八年抗戦與台湾光復』一六八頁、台北、一九七〇年。

（6）外務省は蒋介石のこの演説および各地の反応を収集して研究した。『ポツダム宣言受諾関係一件・善後措置及び各地状況関係』、第三巻、外交史料館所蔵、A'―〇一一六。

（7）蔣介石が「徳をもって怨みに報いる」を提示した本音は何かに対して、ある信用組合の幹部は著者のインタビューに応じ自分の理解を次ぎのように語った。「（対日政策については）当時、蔣介石のやり方は確かにいい加減すぎた。ただし、彼には自分の考えもあった。それは日本軍から武器を更に多く受け取り、接受工作を順調に完成させ、共産党との戦いを準備して、政権を維持していくという目的であった」（李恩民調査メモ、一九九四年一二月二七日午前、寺北柴村にて。回答者：四三歳、農業信用組合幹部、男性）。学界でもこのような説がある。

（8）実際は中華民国政府内部で起草した対日講和条約草案では、対日賠償要求を前提とし、「各国が割り当てられた比率に応じて」、中国は賠償物資の四〇％、賠償金の五〇％を要求、約三五〇億米ドルの賠償金額も明示していた。段瑞聡「戦後初期国民政府の対日講和構想――三つの講和条約草案を手がかりに」、慶應義塾大学日吉紀要『中国研究』第一二号、二〇一九年。

（9）外務省調査局第五課編『戦後における中国政治』（執務参考）、一四七〜一四八、一五四頁、外務省調査局印、一九四八年。

(10) 同上、一四八～一四九、一五三～一五四頁。
(11) 同上、三〇〇～三〇二頁。
(12) 著者は河北農村で一四人の農民たちに対する聞き取り調査をしたが、そのうち五〇歳以上の八人が全員賠償の事を全く知らず、私が説明するまで聞いたことはないと言っている。
(13) 李恩民調査メモ、一九九四年一二月二八日午前、寺北柴村にて。回答者：六五歳、男、農民。
(14) 李恩民調査メモ、一九九四年一二月二七日午後、寺北柴村にて。回答者：六五歳、男、農民。
(15)「中国人民堅決反対日本潜在的帝国主義」、『人民日報』一九五八年七月七日。
(16)「中華人民共和国外交部関於日美簽定軍事同盟条約的声明」、世界知識出版社編『日本問題文件彙編』第三集、一六頁、世界知識出版社、一九六一年。
(17) 日韓基本条約を論じた社論は、一九六五年一一月八日、一六日、一八日の『人民日報』に掲載されている。
(18) 斎藤真・永井陽之助・山本満編『戦後資料・日米関係』四五八～四六二頁、日本評論社、一九七〇年。
(19)「美日反動派的罪悪陰謀」、『人民日報』一九六九年一一月二八日。
(20)「中華人民共和国和朝鮮民主主義人民共和国政府聯合公報」、『人民日報』一九七〇年四月九日。
(21) 同上。
(22)「中国輸出商品交易会における呉曙東副秘書長の談話」、日中国交回復促進議員連盟編『日中国交回復関係資料集（一九四五～一九七二）』、二八六～二八八頁、日中国交資料委員会、一九七二年。
(23)「打倒復活的日本軍国主義」、『人民日報』一九七〇年九月三日。
(24) 実は佐藤内閣後期の中国政策は既に田中内閣の方針と大差のないところまで来ていた。例えば、その頃、佐藤内閣の指示を受けた香港駐在の外交官が密かに章士釗を通して中国政府との接触を試みた。初代駐中国公使林祐一氏へのインタビュー記録、一九九七年八月一日、日中協会事務局にて。

(25) 中国政府は過去においては、日米安全保障条約の存在が、日本軍国主義批判を呼び起こした主な原因であり、日中国交正常化の大きな障害の一つでもあると言っている。

(26) 李恩民調査メモ、一九九四年一二月二七日午前、寺北柴村にて。回答者：寺北柴村に住む信用組合幹部、四三歳、男性。

(27) アンケート調査記録、一九九五年一月一九日、山西省太原市近郊にて。回答者：広東省出身、教師、三〇歳。

(28) 最近の数年間、「和解学」が新学術領域研究として提唱されている。著者もＪＳＰＳ科研費「和解学の創生――正義ある和解を求めて」の「和解に向けた歴史家共同研究ネットワークの検証」（代表：劉傑早稲田大学教授、課題番号17H06337）チームで関連研究を進めている。

(29) この見方に同調しない意見もある。例えば、岡部達味は次のように指摘している。「（日本の自立がソ連を牽制しうることから）単純に、ソ連と対決するための米中接近であり、日中正常化であったと解釈することは、必ずしも適切ではない」、「この問題はより多元的な関係の一環としてとらえる方が適切ではないだろうか」と（岡部達味『中国の対日政策』一六四頁、東京大学出版会、一九七六年）。

(30)「奪取新的勝利」（社論）、『人民日報』一九七二年一〇月一日。

(31) 回顧録としては次のものがある。杉山正三『野党外交の証言』（ミネルヴァ書房、一九八二年）、羽生三七『戦後日本の外交――野党議員の記録』（三一書房、一九七一年）。

(32) 不破哲三「日本共産党の中国政策」『アジア・クォータリー』第二巻第二号、一九七〇年四月。

(33) 李恩民調査メモ、一九九四年一二月二七日午後、寺北柴村にて。回答者：六五歳、男、農民。

(34) 日中経済協会編『日中覚書の一一年』五三頁、日中経済協会、一九七五年。

(35) 古井喜実『日中十八年——一政治家の軌跡と展望』牧野出版、一九七八年、岡崎嘉平太『二十一世紀へのメッセージ』岡崎嘉平太先生の長寿を祝う会、一九八六年、岡崎嘉平太伝刊行会『岡崎嘉平太伝——信はたて糸　愛はよこ糸』ぎょうせい、一九九二年。その中国語版は『日中関係十八年』（中国和平出版社、一九九三年）、『寄語二十一世紀』（人民出版社、一九九二年）、『岡崎嘉平太伝』（中国社会科学出版社、一九九五年）として北京で刊行されている。

(36) 蓮見博昭「先進国貿易摩擦と『民間外交』」、『国際政治』第九七号、一九九一年五月。

(37) 李恩民調査メモ、一九九四年一二月二七日午前、寺北柴村にて。回答者：寺北柴村に住む農業信用組合幹部、四三歳、男性。

(38) この分野の最初の研究成果は次の通りである。（a）別枝行夫「戦後日中関係と非正式接触者」『国際政治』第七五号、一九八三年一〇月、（b）添谷芳秀「日中LT貿易の成立過程——高碕達之助・松村謙三・岡崎嘉平太の果たした役割——」『外交時報』第一二六三号、一九八九年一一・一二合併号、（c）清水さゆり「日中民間貿易と日米外交　一九五二～一九五五年」『一橋論叢』第一一四巻　第一号、一九九五年七月、（d）Bryant, William E. *Japanese Private Economic Diplomacy: An Analysis of Business–Government Linkages*. New York: Praeger Publishers, 1975,（e）Ogata, Sadako. "The Business Community and Japanese Foreign Policy: Normalization of Relations with the People's Republic of China." Scalapino, Robert A. ed. *The Foreign Policy of Modem Japan*. Berkeley: University of California Press, 1977,（f）Zhao, Quansheng. *Japanese Policymaking: The Politics Behind Politics—Informal Mechanisms and the Making of China Policy*. New York: Praeger Publishers, 1993（日本語訳：趙全勝著、杜進・栃内精子訳『日中関係と日本の政治』岩波書店、一九九二年）、（g）李恩民『中日民間経済外交』（一九四五～一九七二）、人民出版社、北京、一九九七年。

(39) ＮＨＫ放送文化研究所世論調査部編『ＮＨＫ世論調査資料集・資料と分析』第六集、二〇、四三～四四頁、ＮＨＫサービスセンター発行、一九九三年。

(40) 同上。

(41) 李恩民調査メモ、一九九五年九月一〇日午前、北五里鋪にて。回答者：六四歳、男、契約労働者。

(42)「侵欒日軍暴行録」『欒城県誌』（新華出版社、一九九五年）、七〇七～七一五頁。笠原十九司「日本の占領政策と寺北柴村」、一九九六年八月、未発表。李恩民調査メモ、一九九四年一二月二五日午後、寺北柴村にて。回答者：七〇歳、女、農民。

(43) 杉浦洋一、ジョン・K・ギレスピー『日本文化を英語で紹介する事典』二四五頁、ナツメ社、一九九三年。

(44) 一九九六年七月二九日、中国政府は、国営新華社通信を通じて、三〇日以降は核実験を停止すると宣言した（『朝日新聞・夕刊』一九九六年七月二九日）。これも適当な方策の一つであると言える。

(45) 李恩民調査メモ、一九九四年一二月二九日午後、寺北柴村にて。回答者：五七歳、男、農民。

(46) アンケート調査記録、一九九五年一月一九日、山西省太原市近郊にて。回答者：広東省出身、教師、三〇歳。

(47) 李恩民調査メモ、一九九四年一二月二七日午後、寺北柴村にて。回答者：六五歳、男、農民。

付録一：聞き取り調査実施データ

日　時：第一回　一九九四年一二月二四日～三〇日

調査対象：第二回　一九九五年九月六日～一四日
一四人。中国農村慣行調査研究会が設定した農民のライフヒストリーを中心とした共通調査項目を終えた時点で、著者が用意したアンケート調査票に基づき、引き続き聞き取り調査実施。
調査場所：河北省欒城県孟董荘郷寺北柴村、北五里鋪

氏名	年齢	性別	職業	聞き取り調査日時	場所
A	六七	男	農民	一九九四年一二月二五日午前	寺北柴村
B	七〇	女	農民	一九九四年一二月二五日午後	寺北柴村
C	四三	男	信用組合幹部	一九九四年一二月二七日午前	寺北柴村
D	六五	男	農民	一九九四年一二月二七日午後	寺北柴村
E	六五	男	農民	一九九四年一二月二八日午前	寺北柴村
F	五七	男	農民	一九九四年一二月二九日午後	寺北柴村
G	五六	男	農民（養豚業者）	一九九五年九月八日午前	寺北柴村
H	四一	男	農民（飲食店経営者）	一九九五年九月八日午後	寺北柴村
I	四三	男	農民	一九九五年九月九日午前	寺北柴村
J	三七	男	農民（食用油販売）	一九九五年九月九日午後	寺北柴村
K	六四	男	農民（契約労働者）	一九九五年九月一〇日午前	北五里鋪
L	三二	男	農民（木工）	一九九五年九月一〇日午後	寺北柴村
M	六七	女	農民	一九九五年九月一一日午後	北五里鋪
N	三八	男	農民（農村医師）	一九九五年九月一三日午前	寺北柴村

付録二：戦後日中関係の歴史と現状についての調査データ

説　明：

（一）調査総数：　アンケート調査票配布数六〇〇部、回収数五二六部。

（二）調査票の配布・回収：　上記聞き取り調査と同じ日程で河北省農村にて実施。そのほか、一九九五年一月一日〜一九九五年九月三〇日、山西省太原市と運城市の近郊農村・学校で断続的に実施。

（三）M．A．の意味：　Multiple Answersの略。一人の回答者が二個以上の回答をすることができる質問。

（四）S．Q．の意味：　Sub-Questionの略。前問で特定の回答をした一部の回答者のみに対して続けて行う質問。そのとき、結果数値は回答数の合計を回答者数で割った比率である。

第一組＝戦争賠償問題に対する認識

【第一問】一九四五年八月一五日、日本は降伏することを宣告しました。あなたは、このことをどのようにして知りましたか、あるいは、この情報を何から得たでしょうか？　リストの中から、一つおっしゃってください。

A、ラジオを聞いて（四〇人）一一・四％

B、ポスターを見て（九八人）二七・八％

C、他人から聞いて（二一四人）六〇・八％

【第二問】一九四五年八月一五日、即ち日本がポツダム宣言を受諾、無条件降伏した当日、蔣介石は重慶で、戦争処理問題に関しては、日本を寛大に処分する旨をラジオ演説で発表しました。これは後によくいわれる「徳をもって怨みに報いる」という対日政策の原則であり、対日戦争賠償の要求を放棄する最初の曖昧な表明でもありました。当時、あなたはこの演説の内容を知っていましたか、それとも知りませんでしたか？　リストの中から一つをあげてください。

A、聞いたことがある（三二人）一四・五％
B、聞いたことがない、知らなかった（一八九人）八五・五％

S．Q．（Aと答えた人に）では、あなたは、当時、蔣介石のこの政策の原則をどう思いましたか？　リストの中から、一つをあげてください。

A、正しい（一人）三・一％
B、正しくない（二二人）六八・八％
C、よく検討の上、決定を下した方が良い（四人）一二・五％
D、わからない（五人）一五・六％

【第三問】国際公法によりますと、日本は、敗戦国として、被侵略国である我が国ならびに個人に対して戦争で与えた損害や損失などを賠償しなければなりません。当時、あなたはこのことを知っていましたか？

A、知っていた（一一人）三・五％
B、知らなかった（一二六人）三九・六％
C、人から聞いたことがある（一三一人）四一・二％
D、今まで聞いたことがない（五〇人）一五・七％

第二組＝非公式外交あるいは民間外交の役割に対する認識

【第四問】あなたは、日中国交正常化のプロセスの中で、日本のどの政党が比較的大きな役割を果たしたと思いますか？　リストの中から二つを選んでください。（M．A．）

A、日本共産党（一一二票）一〇・四％
B、自民党（二七四票）二五・四％
C、日本社会党（二六六票）二四・六％
D、公明党（八七票）八・一％
E、民社党（六三票）五・八％
F、わからない（二七八票）二五・七％

【第五問】あなたは、日中国交正常化のプロセスで、次の日本の政治家の中の誰が比較的に大きな役割を果たしたと思いますか？三人をあげてください。（M．A．）

A、池田勇人（一七票）一・〇％
B、田中角栄（五四六票）三三・七％
C、石橋湛山（一五票）〇・九％
D、松村謙三（六九票）四・三％
E、大平正芳（四四一票）二七・二％
F、鳩山一郎（二二票）一・四％
G、わからない（五一〇票）三一・五％

【第六問】下にリストされている人は、日中国交正常化のプロセスの中ので、重要な役割を果たした日本の民間人あるいは非公式な折衝者の名前であります。あなたは、そのうちの誰が大きな役割を果たしたと思いますか？　三人を選んでください。（M・A.）

A、池田正之輔（一九票）一・二％
B、村田省蔵（二四票）一・五％
C、高碕達之助（三四票）二・一％
D、古井喜実（九二票）五・七％
E、岡崎嘉平太（八八票）五・四％
F、わからない（一三六三票）八四・一％

【第七問】戦後、中国と日本およびその他の国々との交渉のプロセスの中で、公式と非公式との二つの外交ルートが形成されました。公式な外交ルートとは政府間の外交ルートを意味していますが、非公式とは政府の外交政策に影響を及ばせる民間の経済や文化交流などを意味しています。現在、このような民間経済や文化交流活動が盛んになってきているため、このルートはすでに国家間の公式な外交ルートの一つになったといわれています。あなたは、このような評価は正しいと思いますか、それとも正しくないと思いますか？　次から答えを一つ選んでください。

A、正しい（二一六人）四〇・〇％
B、正しくない（三〇三人）五六・一％
C、分からない（二一人）三・九％

第三組＝日本軍国主義の復活に対する認識

【第八問】一九六九年一一月二一日、日本の首相佐藤栄作がワシントンでアメリカの大統領ニクソンと共同声明を発表し、日米安全保障条約を引き続き堅持していくことを言明しました。それに韓国・台湾地域の安全は日本自身の安全にとってもきわめて重要な要素であることをも放言しました。中国はこれを「日本軍国主義が既に復活した」ことの印とし、復活した日本軍国主義を大いに批判するキャンペーンを展開しました。日本国内でも一部の人はそのように感じ、日本が再び戦争の道に進むことを心配していました。当時、あなたはどう思いましたか？　リストの中から一つお答えください。

A、確かに日本軍国主義は既に復活した（三四七人）六四・三％
B、日本軍国主義は復活していない（八七人）一六・一％
C、わからない（一〇六人）一九・六％

第四組＝米中関係改善・日中国交正常化に対する認識

【第九問】一九七〇年代初め、中国が文化大革命を行いながら、帝国主義や社会帝国主義及び米、ソ覇権主義に反対するキャンペーンの中で、突然、米国との関係改善・日本との国交正常化を実現しました。あなたは、中国政府がこの措置を取った理由は何だと思いますか？　リストの中から一つだけお答え下さい。

A、ソ連に対抗する特別な措置（三五一人）六五・〇％
B、イデオロギーの対立を緩和する適当な措置（一四九人）二七・六％
C、わからない（四〇人）七・四％

第五組＝「日の丸」にみる対日感情

【第一〇問】一九四九年、新中国樹立以来、映画や書刊などを除いて、あなたは、日本の国旗の現物を見たことがありますか?

A、ある（一九二人）三五・六%

B、今まで見たことはない（三四八人）六四・四%

S．Q．（Aと答えた人に）では、あなたは、最初に、日本の国旗を見たのはいつですか? また当時、どのように感じましたか? リストの中から、あなたのお気持ちに近いものを一つあげてください。

（一）年代　A、一九五〇年代（六人）三・一%

B、一九六〇年代（二五人）一三・〇%

C、一九七〇年代（七八人）四〇・六%

D、一九八〇年代以後（八三人）四三・二%

（二）感情

A、見たくない（七七人）四〇・一%

B、ひどく恨む（九四人）四九・〇%

C、特別な感情はない（二一人）一〇・九%

第六組＝今後の日中関係に対する認識

【第一一問】現在の国際環境のもとで、あなたは、日中関係を考慮する際、一番重要な要素は何だと思いますか? リストの中から、一つあげてください。

A、経済関係（三四六人）六四・一％
B、国家と地区の安全保障（一九四人）三五・九％
C、イデオロギー（〇人）〇・〇％
D、わからない（〇人）〇・〇％

【第一二問】あなたは、今後、中国と日本との間でどんな協力を強めるべきだと思いますか？ リストの中から一つあげてください。

A、政治協力（六四人）一一・九％
B、経済協力（四三九人）八一・三％
C、わからない（三七人）六・九％

主な現地調査文献

（引用・参考論文などは各章の文末脚注に明示しているため、以下は関連分野の調査資料集・研究書に限る）

【和文】

外務省調査局第五課編『戦後における中国政治』（執務参考）、外務省調査局印、一九四八年

中国農村慣行調査刊行会編『中国農村慣行調査』（第一～六巻）、岩波書店、一九五二～一九五八年

中生勝美『中国村落の権利構造と社会変化』アジア政経学会、一九九〇年

若林敬子編・杉山太郎監訳『ドキュメント　中国の人口管理』亜紀書房、一九九二年

莫邦富『独生子女――爆発する中国人口最新レポート』河出書房新社、一九九二年

三谷孝編『農民が語る中国現代史――華北農村調査の記録――』内山書店、一九九三年

田島俊雄『中国農業の構造と変動』御茶の水書房、一九九六年

読売新聞中国環境問題取材班『中国環境報告』日中出版、一九九九年

三谷孝編『中国農村変革と家族・村落・国家――華北農村調査の記録――』汲古書院、一九九九年

三谷孝編『中国農村変革と家族・村落・国家――華北農村調査の記録――』（第二巻）、汲古書院、二〇〇〇年

三谷孝・内山雅生・笠原十九司・浜口允子・小田則子・リンダ・グローブ・中生勝美・末次玲子『村から中国を読む』青木書店、二〇〇〇年

三谷孝編『中国内陸地域における農村変革の歴史的研究』（科学研究費補助金（基盤研究（B））（海外学術調査）研究成果報告書、A4判、二〇〇八年七月
内山雅生『日本の中国農村調査と伝統社会』御茶の水書房、二〇〇九年
阿古智子『貧者を喰らう国――中国格差社会からの警告』新潮社、二〇〇九年
三谷孝編『中国内陸における農村変革と地域社会』御茶の水書房、二〇一一年
内山雅生『現代中国農村と「共同体」』御茶の水書房、二〇〇三年
本庄比佐子・内山雅生・久保亨編『華北の発見』東洋文庫、二〇一三年
中生勝美『近代日本の人類学史――帝国と植民地の記憶』風響社、二〇一六年
メイ・フォン著、小谷まさ代訳『中国「絶望」家族――「一人っ子政策」は中国をどう変えたか』草思社、二〇一七年
内山雅生編著『中国農村社会の歴史的展開』御茶の水書房、二〇一八年

【中文】

中華民国外交問題研究会編『金山和約與中日和約的関係』中華民国外交問題研究会印行、台北、一九六六年
黄宗智『華北的小農経済与社会変遷』中華書局、一九八六年（初版）、牛津大学出版社、一九九四年
魏宏運主編『二十世紀三四十年代冀東農村社会調査与研究』天津人民出版社、一九九六年
当代中国叢書編輯委員会『当代中国的計劃生育事業』当代中国出版社、一九九二年
杜賛奇著、王福明訳『文化、権力与国家――一九〇〇～一九四二年的華北農村』江蘇人民出版社、一九九四年（初版）、二〇一〇年（第二版）

河北省欒城県地方誌編纂委員会編『欒城県誌』新華出版社、一九九五年

山西省史誌研究院編『山西通誌』中華書局、一九九七年

李恩民『中日民間経済外交』（一九四五～一九七二）、人民出版社、一九九七年

内山雅生著、李恩民・邢麗荃訳『二十世紀華北農村社会経済研究』中国社会科学出版社、二〇〇一年

王紅漫『大国衛生之難――中国農村医療衛生現状与制度改革探討』北京大学出版社、二〇〇四年

張思『近代華北村落共同体的変遷』商務印書館、二〇〇五年

高耀潔『中国艾滋病調査』広西師範大学出版社、二〇〇五年

解学詩『満鉄与華北経済　一九三五～一九四五』社会科学文献出版社、二〇〇七年

陳琦『辺縁与回帰――艾滋病患者的社会排斥研究』社会科学文献出版社、二〇〇九年

張思『侯家営――一個近代村荘的現代歴程』天津古籍出版社、二〇一〇年

程玲『互助与増権――艾滋病患者互助小組研究』社会科学文献出版社、二〇一〇年

蘭林友『蓮花落――華北満鉄調査村的人類学再研究』社会科学文献出版社、二〇一二年

魏宏運・三谷孝主編『二十世紀華北農村調査記録』（第一～三巻）、社会科学文献出版社、二〇一二年

張思主編『二十世紀華北農村調査記録』（第四巻）、社会科学文献出版社、二〇一二年

【英文】

Myers, Roman H., *The Chinese Peasant Economy: Agricultural Development in Hopei and Shantung, 1890–1949*, Harvard University Press, 1970

Chan, Anita, etc. *Chen Village: The Recent History of a Peasant Community in Mao's China*, Berkeley: University of California Press, 1984

Philip C. C. Huang, *The Peasant Economy and Social Change in North China*, Stanford: Stanford University Press, 1985

Prasenjit Duara, *Culture, Power, and the State: Rural North China, 1900-1942*, Stanford: Stanford University Press, 1988

Linda Grove, *A Chinese Economic Revolution: Rural Entrepreneurship in the Twentieth Century*, Rowman & Littlefield Publishers, 2006

初出一覧

第一章　農民の結婚：通婚圏と社交圏
「華北農村における近代化と通婚関係——欒城県寺北柴村の事例に基づく一考察——」
愛知大学現代中国学会『中国21』第二号　九三〜一一〇頁　一九九七年一二月

第二章　農民の子孫：一人っ子政策の実態
「中国農村における計画生育政策の成果と課題——欒城県寺北柴村村民の生育観の変遷を中心に——」
財団法人政治経済研究所『政経研究』第七一号　五九〜六八頁　一九九八年一一月

第三章　農民の健康：医者と医療
「華北農村の医者と医療」
三谷孝編『中国内陸における農村変革と地域社会』所収　御茶の水書房　二八五〜三〇七頁　二〇一一年七月

第四章　農民の移住：都会のための犠牲
「『南水北調』をめぐる開発と環境」
藤田和子編『モンスーン・アジアの水と社会環境』所収　世界思想社　一八二〜二〇九頁　二〇〇二年一月

第五章　農民の日本観：一九九五年
A)「戦後日中関係の歴史に対する中国人のイメージ——華北における現地調査にもとづく事例的研究——」
財団法人政治経済研究所『政経研究』第六八号　六九〜八二頁　一九九七年五月
B)「中国の庶民は日中関係の過去と未来をどう見ているか——アンケート調査と面接聴取調査に基づく一考察——」
一橋研究編集委員会『一橋研究』第二二巻第三号　一九三〜二〇三頁　一九九七年一〇月

あとがき

著者は、これまで、歴史学・政治学・国際関係学・経済学・社会学の諸分野を学際的に縦断しつつ、近現代における日中関係の複雑な軌跡を研究し、『中日民間経済外交』、『転換期の中国・日本と台湾』、『「日中平和友好条約」交渉の政治過程』等の著作を刊行したが、中国の農村農民についての著作は初めてのことである。思えば、著者のフィールドワークによる華北農民生活の研究は、偶然の出来事であった。

一九六〇年代初頭、父は政治的な迫害によって、都会から追放された後、会計の公職も剥奪され、山西省の一村落で労働改造の処遇を受けた。不条理な苦境に落された家庭環境の中で著者は生まれ育ち、激闘時代の農村生活の辛酸をなめた多くの政治運動も目撃してきた。一九七九年、父の名誉が回復され、大学受験制度が復活した御蔭で、著者は学費免除のうえ、最低限の生活費を支給される師範大学に入学し、歴史学、特に東アジアの歴史を学び始めた。私は華北農村のことなら熟知しているとの自負があり、最初はその分野の研究に全く興味を持っていなかった。しかし、一九九二年の来日後まもなく、指導教官である三谷孝一橋大学教授のお誘いで、一九七〇年代後半から東京で定期的に開催されていた中国農村慣行調査研究会に参加し、戦前の満鉄による中国農村慣行調査の一次資料を精読したうえ、中国人と外国人専門家の共同現地調査に同行した。そのプロセスで、自分の見聞だけでは十分理解できなかった農村変革の歴史的側面や、同じ華北地域であっても村落によって方言・生活習慣・経済活動・政治運動などが異なることに気づいた。調査を通じて、自分の育った農村とは異なる側面、いわゆる農村社会の深部を発見し、中国農村社会研究の醍醐味を味わうことができた。

「はしがき」に言及した通り、実地調査の期間は断続的に一九九四年から二〇〇七年までの一三年間に及んだ。その間、著者は調査グループの現地コーディネーターを務めながら、研究協力者または研究分担者として、地域社会と農民の生活に接しながら、特に日中戦争から中華人民共和国の樹立・改革開放を経て二一世紀初頭までの農村社会の実像・一人っ子政策の実態・農家家計・社会保障・農民の非農業労働（副業や出稼ぎ労働）・農村教育・婚姻慣習・医療衛生及び黄河流域の水資源・水環境などの調査を担当した。その調査と研究成果の一部は、共著『中国農村変革と家族・村落・国家』全二巻（三谷孝編、汲古書院）、『モンスーン・アジアの水と社会環境』（藤田和子編、世界思想社）、『中国内陸における農村変革と地域社会』（三谷孝編、御茶の水書房）及び論文「華北農村における近代化と通婚関係」（『中国21』第二号）、「戦後日中関係の歴史に対する中国人のイメージ」（『政経研究』第六八号）、「中国の庶民は日中関係の過去と未来をどう見ているか」（『一橋研究』第二二巻第三号）、「中国農村における計画生育政策の成果と課題」（『政経研究』第七一号）などで発表している。本書は上記の諸論文を基に、新しい資料を駆使して書き改めたものである。転載を快諾いただいた上記の出版機関に感謝の意を表したい。

現地調査にあたって、多くの学術団体から援助をいただいた。特に三谷孝一橋大学社会学部教授を研究代表者とする数回の科学研究費補助金である（A）国際学術研究（課題名『中国農村変革の歴史的研究』）、（B）海外学術調査（課題名『中国農村変革の総合的研究：最近五〇年華北における家族・宗教・社会構造』）、（C）基盤研究B（課題名『中国内陸地域における農村変革の歴史的研究』）の助成によって、フィールドワークを実施することが可能となった。十数年間の実地調査において、慣行調査の性格上、地名人名などを実名で記録しないと追跡調査ができなくなるため、実名の使用は必須であるが、本書では聞き取り調査対象である農民のプライバシーを最大限に尊重するため、各地の主要幹部以外の人名は、原則、イニシャルで記している。

各章の論考は実地調査しながらメモを整理する段階でまとめ発表したものであるが、当初の執筆にあたっては、中国側の指導教授である魏宏運南開大学教授、田中宏一橋大学教授、笠原十九司都留文科大学教授、内山雅生宇都宮大学教授、リンダ・グローブ上智大学教授、浜口允子放送大学教授、三好章愛知大学教授、光田明正元長崎外国語大学学長ら諸先生・先賢から多大なご指導をいただいた。また、李廷江中央大学教授、劉傑早稲田大学教授、同窓である山本真筑波大学教授、林幸司成城大学教授からも多くの示唆をいただいた。日本国内のみならず、世界に翼を広げ、教育・研究・国際交流・社会貢献の全ての面でフロントランナーとしての役割を果たそうとしている著者の職場桜美林大学の同僚達、特に佐藤東洋士理事長をはじめ、田中義郎教授、畑山浩昭教授、町田隆吉教授、佐藤考一教授、ブルース・バートン教授、中生勝美教授、太田哲男教授からも激励をいただいた。御世話になった上記の方々に厚く御礼を申し上げたい。なお、本書の出版は、桜美林大学出版助成金の交付を受けて実現した。ここに記して感謝を申し上げたい。

人生は出会いの連続である。二〇一一年から公益財団法人渥美国際交流財団の理事を務めて以来、御年九〇歳前後の渥美伊都子理事長、明石康元国連事務次長、八城政基元新生銀行会長など高名な方に出会い、外国人留学生への学習支援、日本で学んだ人や日本とアジアに関心のある人々のネットワークの構築を目指すアジア未来会議の主催などを通して、独創性にあふれ、私心なくひたすら国際社会へ貢献する高尚な人格に魅せられ、著者の生き方も変わった。常に複数のプロジェクトを円滑に運営しながら挑戦し続ける行動派の今西淳子常務理事からも多くを学んだ。

上梓にあたり、ご尽力いただいた御茶の水書房の小堺章夫氏はじめ編集部の皆様にも感謝申し上げたい。

最後に、公私ともに私の研究に理解を示し、残念ながら近年他界された田英夫参議院議員、白西紳一郎日中協会理事長、園田天光光元衆議院議員、中江要介元駐中国大使、末次玲子先生、そして恩師・三谷孝先生に敬意を表すると共に、心から御礼申し上げたい。

二〇一九年一月吉日

李　恩民

索　引

あ行

愛徳基金会　*57*
池田勇人　*130*
池田正之輔　*130*
石橋湛山　*130*
以徳報怨（徳をもって怨みに報いる）　*111, 116〜118*
医療保険　*54, 73*
引江済漢　*95*
エイズ（HIV・エイズの村）　*53, 67, 69〜71*
大平正芳　*111, 130*
岡崎嘉平太　*123, 130*
温家宝　*70*

か行

械闘　*79, 91*
慣行調査　→　中国農村慣行調査
議員外交　*128*
祈雨　*79, 91*
岸信介（岸内閣）　*121〜122*
寄生虫症　*65*
金日成　*123*
偽薬　*56, 64*
玉音放送　*115*
旭日旗　*133*
近親婚率　*3, 13*
軍国主義　*118, 121〜126*
計画生育（計画出産）　*29〜31, 34〜36, 39〜45*
敬老院　*44*
結核　*65〜66*
紅旗河（西部調水工程）　*100*
公明党　*128〜129*
コスイギン（A. N. Kosygin）　*127*
戸籍　*3, 10, 39*
婚姻法　*17〜18, 21*

さ行

佐藤栄作（佐藤内閣）　*122〜124*
三官殿（三官廟）　*91*
三峡ダム　*79〜81, 85, 96, 98〜99*
自願移民　*79, 99*
児女双全　*36, 37*
自然増加率　*33*
子孫満堂　*36, 41*
自宅出産　*68*
ジフテリア（Diphtheria）　*65, 71*
自民党　*128〜129*
社会的通婚圏　*10*
社交圏　*3, 15, 23*
周恩来　*119, 123, 127*
重症急性呼吸器症候群（非典・SARS）　*53, 71〜72*
終身未婚者　*21*
集団移住　*98*
紹介人　*18〜20*
蔣介石　*111, 115〜117, 119, 121〜122*
商震　*134*
上方婚　*3, 10*
昭和天皇　*115*
新型農村合作医療制度　*71〜72*
人民公社　*55, 81*
診療所（衛生所）　*58, 60〜67, 72*
水神廟　*91*
生活習慣病　*54*
世界銀行　*7, 57*
世界保健機関（WHO）　*55〜57, 72*
世界水の日　*102*

接生婆　*55*
藏水入疆工程　*100*
孫紹興　*134*
村内婚率　*12*

た行

大西線調水工程（藏水北調）　*100*
大東亜共栄圏　*123*
対日貿易四原則　*123*
大躍進　*81*
高碕達之助　*130*
田川誠一　*123*
多子多福　*36*
田中角栄（田中内閣）　*111, 124, 126, 130*
ダマンスキー島（珍宝島）　*127*
丹江口ダム　*83, 85～86, 95, 97～98*
譚祥官　*55*
断流（黄河断流）　*85, 90*
中国脅威論　*135*
中国共産党　*55, 82, 111, 125, 129*
『中国農村慣行調査』*4～5, 8, 17*
中国農村慣行調査（慣行調査）　*4～10, 12, 17, 31, 113*
中国農村慣行調査研究会　*5～9, 31, 113*
中絶　*29, 39*
超過出産　*34～35, 40～41*
超党派外交　*128*
地理的通婚圏　*10*
通婚圏　*3, 10, 12, 15～16, 23*
定婚（定親）　*17*
伝染病　*70～72, 97*
伝宗接代　*36, 41*
天皇制　*117～118*

な行

仲人　*18～20*
南水北調　*79～82, 86～91, 93～100, 102～103*
ニクソン（Richard Nixon）*111, 126*
日米安全保障条約　*122*
日韓基本条約　*122*
日中共同声明　*115*
日中国交正常化　*111, 114, 119, 121, 124～130*
日本共産党　*129*
日本社会党　*129*
農村医者（郷村医者）　*54～55, 57～58, 60, 62～64*
農村合作医療制度　*55～56, 58*

は行

売血　*69～71*
媒妁婚　*3, 16, 18～20, 23*
賠償問題　*114～115, 118～119, 137*
媒人　*20*
馬玉堂　*134*
麻疹　*65, 71*
破傷風　*65, 71*
裸足の医者（赤脚医生）　*54～55, 57～58, 60*
罰金（超過出産）　*35, 39～41*
鳩山一郎　*130*
晩婚　*32, 41*
非自願移民　*79, 99*
一人っ子証書　*29*
一人っ子政策　*29～31, 34, 36, 40, 42～43, 46*
避妊手術　*39～40, 43～45*
日の丸（日章旗）　*132～134*
百日咳　*65, 71*
風疹　*71*
風土病　*93*
藤山愛一郎　*123*
古井喜実　*123, 130*
文化大革命　*30, 34, 55, 60, 81, 114*
分散移住　*99*
平安保険　*44*
包辦結婚（包辦婚姻）　*17～18*

保健衛生員　*60〜61*
ポリオ（Polio）　*65, 71*

ま行

松村謙三　*123, 130*
マラリア（Malaria）　*65*
満鉄調査（→中国農村慣行調査）
3〜7, 12, 21〜22, 31〜32, 43, 113
密雲ダム　*94*
南満洲鉄道株式会社　*3*
民間外交　*128*
民社党　*129*
民辦教師　*18*
村田省蔵　*130*
毛沢東　*55, 81*

や行

養児防老　*42*
養老保険　*44*
予防接種　*57, 65〜66*

ら行

ランドコーポレーション（Rand Corporation）　*57*
琉球群島（琉球諸島）　*117〜118*
林一山　*81*
歴史和解　*126*
恋愛婚（恋愛結婚・自主結婚）　*3, 16, 18〜20*

著者紹介

李　恩民（り　えんみん　LI, Enmin）

1961年中国山西省生まれ。1996年南開大学にて歴史学博士号、1999年一橋大学にて社会学博士号取得。桜美林大学国際学系教授、公益財団法人渥美国際交流財団理事。2012～2013年スタンフォード大学客員研究員。専門は近現代中国外交史、日中関係史。

主な著書に『中日民間経済外交　1945～1972』（人民出版社1997年）、『転換期の中国・日本と台湾』（御茶の水書房2001年、大平正芳記念賞受賞）、『「日中平和友好条約」交渉の政治過程』（御茶の水書房2005年）。共著に『歴史と和解』（東京大学出版会2011年）、『対立と共存の歴史認識』（東京大学出版会2013年）、『日本政府的両岸政策』（中央研究院2015年）、『日本外交研究與中日関係』（五南図書出版2015年）などがある。

訳書に『二十世紀華北農村社会経済研究』（中国社会科学出版社2001年）、『秘密結社与中国革命』（中国社会科学出版社2002年）、『朝陽門外的清水安三』（社会科学文献出版社2012年）など多数ある。

中国《ちゅうごく》華北《かほく》農民《のうみん》の生活誌《せいかつし》

2019年11月15日　第1版第1刷発行

著　者　李　恩民
発行者　橋本盛作
発行所　株式会社御茶の水書房
〒113-0033　東京都文京区本郷5-30-20
電話　03-5684-0751

印刷・製本／モリモト印刷（株）

ISBN 978-4-275-02115-1　C3036

「日中平和友好条約」交渉の政治過程　李恩民著　A5判・二四〇頁　価格四三〇〇円

転換期の中国・日本と台湾
——一九七〇年代中日民間経済外交の経緯　李恩民著　A5判・三六〇頁　価格六二〇〇円

東アジア共同体の可能性
——日中関係の再検討　佐藤東洋士・李恩民編　菊判・五五八頁　価格八〇〇〇円

中国内陸における農村変革と地域社会　三谷孝編著　A5判・三七六頁　価格六六〇〇円

中国農村社会の歴史的展開
——社会変動と新たな凝集力　内山雅生編著　A5判・三〇八頁　価格八四〇〇円

日本の中国農村調査と伝統社会　内山雅生著　A5判・二九六頁　価格四六〇〇円

現代中国農村と「共同体」《テキスト版》　内山雅生著　A5判・二八八頁　価格二八〇〇円

中国農村の権力構造　田原史起著　A5判・三二〇頁　価格五〇〇〇円

近代上海と公衆衛生　福士由紀著　A5判・三三四頁　価格六八〇〇円

近代中国と銀行の誕生　林幸司著　A5判・二六〇頁　価格五二〇〇円

中国における社会結合と国家権力　祁建民著　A5判・三九六頁　価格六六〇〇円

中国村民自治の実証研究　張文明著　A5判・三九〇頁　価格七〇〇〇円